FRANK FIGLIUZZI

DER FBI-CODE

ÜBERSETZUNG AUS DEM ENGLISCHEN
VON MARTIN BAYER

REDLINE | VERLAG

FRANK FIGLIUZZI

DER
FBI
CODE

FIDELITY BRAVERY INTEGRITY

Die sieben Prinzipien herausragender Leistungen

Bibliografische Information der Deutschen Nationalbibliothek:
Die Deutsche Nationalbibliothek verzeichnet diese Publikation in der Deutschen Nationalbibliografie; detaillierte bibliografische Daten sind im Internet über http://d-nb.de abrufbar.

Für Fragen und Anregungen:
info@redline-verlag.de

1. Auflage 2022

© 2022 by Redline Verlag, ein Imprint der Münchner Verlagsgruppe GmbH,
Türkenstraße 89
D-80799 München
Tel.: 089 651285-0
Fax: 089 652096

Übersetzung: Martin Bayer
Redaktion: Friederike Moldenhauer
Umschlaggestaltung: Catharina Aydemir
Umschlagabbildung: Shutterstock.com/Far700, Matheus Bertoldi
Satz: ZeroSoft, Timisoara
Druck: GGP Media GmbH, Pößneck
Printed in Germany

ISBN Print 978-3-86881-874-1
ISBN E-Book (PDF) 978-3-96267-389-5
ISBN E-Book (EPUB, Mobi) 978-3-96267-390-1

Wir produzieren nachhaltig
www.m-vg.de

— Weitere Informationen zum Verlag finden Sie unter —

www.redline-verlag.de

Beachten Sie auch unsere weiteren Verlage unter www.m-vg.de

Den ehemaligen, gegenwärtigen und zukünftigen Mitarbeitern des Federal Bureau of Investigation gewidmet, die unsere Werte bewahren und unsere Freiheit verteidigen.

»Damit das Böse triumphiert, genügt es, dass gute Männer untätig bleiben.«

— EDMUND BURKE

»Große Leistungen sind nie Zufall, sondern stets das Ergebnis hochgesteckter Ziele, ernsthafter Bemühung und durchdachter Ausführung; sie folgen aus der richtigen unter vielen möglichen Entscheidungen – Absicht, nicht Zufall, bestimmt dein Schicksal.«

— ARISTOTELES

INHALT

HEISSE WÄSCHE

Diesmal war ich an der Reihe, den »designierten Überlebenden« des FBI zu geben, ein »Ehrenamt«, das die Assistant Directors des FBI reihum ausüben müssen. An einem kalten Januarabend 2012 tat ich so, als hänge das Weiterbestehen des Staates von mir ab, von mir und den Vertretern anderer Behörden, mit denen ich in einem Bunker weit außerhalb der Hauptstadt Washington zusammengepfercht saß, an einem Ort, den ich auch heute noch nicht verraten darf.

Barack Obama gab an diesem Abend im Washingtoner Kapitol vor den beiden Häusern des Kongresses eine Regierungserklärung ab. Aus diesem Anlass versammelten sich die meisten Minister, die Richter des Obersten Gerichtshofs und sämtliche Abgeordnete und Senatoren im Plenarsaal. Wir nicht, und das war der Sinn der Sache. Zusammen mit einem Staatssekretär, Beamten von Repräsentantenhaus und Senat und einer Handvoll Abgesandter wichtiger Behörden – alle mittleren Alters und in Schlips und Kragen – sollte ich der Gefahr vorbeugen, dass eine feindliche Macht die Gelegenheit nutzte, mit einem gezielten Atomschlag auf Washington die Regierung, das Parlament und den Obersten Gerichtshof der USA auszulöschen und das Land sozusagen zu köpfen. So hatte man sich das in der nervösen Anfangszeit des Kalten Kriegs zumindest vorgestellt. Die designierten Überlebenden sollten dem Massaker entkommen und sicherstellen, dass die Regierung weiterarbeiten konnte. Wir waren eine Arche Noah für das Atomzeitalter, die letzte, einzige und verzweifelte Hoffnung der Nation, ungeachtet dessen, dass die Gefahr einer atomaren Apokalypse inzwischen in den Hintergrund gerückt war.

So seltsam es klingen mag, wurde die Saat für dieses Buch damals in diesem Bunker gesät. Es ging an jenem Abend nicht nur um den Weiterbestand der Regierung, sondern darum, das Land zu retten, indem man ebenso den Bestand der Institutionen sicherte, die für die Verteidigung der amerikanischen Werte unentbehrlich waren. Das Federal Bureau of Investigation (FBI) erfüllt diese Aufgabe seit über einem Jahrhundert auf herausragende Weise. An jenem Abend hatte ich genug Zeit, darüber nachzusinnen, *was das FBI ausmacht und warum es etwas Besonderes ist*. Ich machte sozusagen Inventur. (In einem unterirdischen Bunker eingesperrt zu sein, fördert die Konzentration ungemein.) Ich kam zu dem Schluss, dass das FBI seine außergewöhnlichen Leistungen weder seinem Budget, seiner technischen Ausrüstung, seinen Waffen noch irgendeinem anderen äußeren Faktor verdankt, sondern einem *Verhaltenskodex*, der von allen Mitarbeitern jederzeit verlangt, ihr Bestes zu geben. Das ist nicht nur so dahingesagt: Wenn ich behaupte, dass wir an uns selbst die höchsten Anforderungen stellen, dann heißt das, wir achten mit dem gleichen Eifer darauf, sie zu erfüllen, wie wir ihn auf der Jagd nach Mördern, Dieben und Spionen anwenden, die uns berühmt gemacht hat. Behördensitze sind neu erbaut und Direktoren ersetzt worden, aber worauf es ankommt, ist das Wesen, der Geist des FBI, die Forderung, stets sein Bestes zu geben, die den künftigen Agenten schon in der Ausbildung eingepflanzt wird. Ich nenne sie *den FBI-Code*.

Damals im Bunker wusste ich noch nicht, wie gut wir es hatten.

Es war eine Zeit klarer Feindbilder. Wir wussten, wer der Gegner war – Verbrecher im Inland, feindliche Mächte im Ausland. Die Welt war säuberlich in *wir* und *die anderen* geteilt, und niemand zweifelte daran, wer die Guten waren.

Schauen Sie sich die Lage heute an.

Wir haben gerade eine Zeit erlebt, in der einige führende Persönlichkeiten mitten in einer weltweiten Pandemie den Glauben vieler Amerikaner an die entscheidenden Bollwerke der Freiheit, Strafverfolgungsbehörden und Geheimdienste der USA, ins Wanken gebracht haben – genau die Institutionen, die sich unserer Sicherheit verschrieben haben. Vetternwirtschaft und Sensationshascherei lassen viele Amerikaner völlig orientierungslos zurück. Wer weiß, wie lange es dauern wird, bis der Glaube an unsere Institutionen wiederhergestellt ist. Lassen Sie mich eins mit aller Deutlichkeit klarstellen:

Diese Angriffe spiegeln nicht die Wirklichkeit der hervorragenden Arbeit wider, die diese Behörden tagtäglich leisten.

Wenn wir an unseren wichtigsten Institutionen zweifeln, zweifeln wir damit an den Beamten, die jeden Tag zur Arbeit kommen, um unsere Demokratie zu verteidigen. Es geht hier nicht bloß um mich, sondern auch um meine ehemaligen Kollegen beim FBI, bei der CIA, der NSA und sogar bei den Centers for Disease Control (CDC) und den National Institutes of Health (NIH). Sie gehören zu den größten Patrioten, die ich kenne, Männer und Frauen, die ihre lange Beamtenlaufbahn, oft unter großem persönlichem Risiko, darauf verwendet haben, Recht und Ordnung zu schützen und die Amerikaner vor einer oft verderbten und unberechenbaren Welt zu bewahren. Diese Helden schaffen das meistens auch. Die Liste hervorragender Leistungen bei diesen Behörden übertrifft die Erfolge von weltweiten Topfirmen, -konzernen und -teams. Deshalb lohnt es sich, die Arbeitsweise dieser Leute anzuschauen.

Dieses Buch zeigt, wie man beim FBI arbeitet. »Heiße Wäsche« (*hot wash*) ist bei den Geheimdiensten, Polizeibehörden und Militäreinheiten der USA ein Begriff für eine Manöverkritik unmittelbar im Anschluss an die Ausführung eines taktischen Auftrags, einer Übung oder einer Krisenreaktion. Besprochen wird dabei, was gut und was falsch gelaufen ist. Der Begriff stammt ursprünglich von Soldaten, die nach dem Einsatz ihre Waffen unter heißem Wasser abspülten, um sie vom gröbsten Schmutz zu befreien, bevor sie sie auseinandernahmen und ordentlich reinigten. Heute bezeichnet er allgemein die Nachbesprechung einer Gruppe oder Mannschaft, die klären soll, was man aus dem jeweiligen Einsatz lernen kann, um es auf den nächsten anzuwenden. Die folgenden Kapitel sind sozusagen die heiße Wäsche meiner gesamten Laufbahn. Sie können sich gerne bedienen und davon übernehmen, was Sie gebrauchen können, um auf Ihrem eigenen Gebiet bessere Leistungen zu erzielen. Sie werden erkennen, wieso das FBI jedem einzelnen seiner Führungsbeamten so sehr vertrauen kann, dass es ihn als designierten Überlebenden abstellt. Jeder dieser Beamten ist in der Lage, die Werte und die Behörden optimal zu repräsentieren und ihren Auftrag fortzuführen. Sie werden sehen, wie Sie und Ihr Führungsteam dasselbe erreichen. Ich habe die Art und Weise, wie das FBI seine Grundwerte bewahrt und schützt, in den »sieben Cs« zusammengefasst: *Code, Conservancy, Clarity, Consequences, Compassion, Credibility* und *Consistency*, also Verhaltenskodex, Bewahrung, Klarheit, Konsequenzen, Mitleid, Glaubwürdigkeit und Beständigkeit. Das ist der *FBI-Code.*

Ich gewähre Ihnen Einblick in die tatsächliche Arbeitsweise einer der wichtigsten Institutionen der USA. Zufällig glaube ich nämlich, dass das Geheimnis des Vorgehens, mit dem die Männer und Frauen des Federal Bureau of Investigation so erfolgreich sind, auch Ihnen weiterhelfen wird, in welcher Branche Sie auch immer arbeiten und in welcher Phase Ihrer Karriere Sie sich auch gerade befinden.

Beim FBI habe ich fast drei Jahrzehnte verbracht, zunächst als Agent im Außeneinsatz, dann als Abteilungsleiter in der Zentrale, danach als Ermittlungsgruppenleiter in einer Dienststelle und später als Chef einer Untersuchungseinheit für Disziplinarsachen beim Office of Professional Responsibility (OPR). Weitere Stationen meiner Laufbahn waren die stellvertretende Leitung des Büros Miami, gefolgt von Führungsposten als Inspector, als Chief Inspector, als Special Agent in Charge (SAIC) der Dienststelle Cleveland und schließlich als Assistant Director für Spionageabwehr. Ich kenne das FBI von Grund auf.

Durch die Insider-Perspektive hatte ich Gelegenheit, die Verhaltensmuster der erfolgreichsten und integersten Beamten zu beobachten und daraus Schlüsse zu ziehen, warum, wann und wie die Guten manchmal Böses tun. Ebenso erkannte ich die Stärken des Systems, mit dem das FBI seine traditionelle Unbestechlichkeit bei mehr als 35 000 Beschäftigten in über 60 Staaten wahrt. Während meiner Dienstzeit wurden jährlich weniger als 2 Prozent der Beschäftigten wegen Fehlverhaltens angezeigt und noch viel weniger überführt. Es kommt auf die richtige Perspektive an.

Nun ist das FBI natürlich, wie alle Organisationen, nicht vollkommen. Aber es ist eine ehrenwerte und enorm wichtige Institution, deren auf Integrität beruhende Erfolgsgeschichte erklärt, studiert und bewahrt werden sollte.

Erwarten Sie hier ein Buch, in dem das Patentrezept des FBI für absolute Integrität enthüllt wird, dann muss ich Sie enttäuschen. Wenn Sie aber gerne erfahren möchten, wie die beste Strafverfolgungs- und Sicherheitsbehörde der Welt ihre Aufgabe meistens erfolgreich erfüllt, lesen Sie weiter und nehmen Sie an diesem »Heiße-Wäsche«-Meeting nach dem Einsatz teil.

Das FBI arbeitet, wie auch andere Sicherheitsbehörden der USA, nach dem Prinzip *Need To Know,* also »Musst du es wissen?«. Ob man in etwas eingeweiht wird, hängt davon ab, ob man es wissen muss, um seine Aufgabe zu erfüllen. Ich weihe Sie hier in die Lebensweisheiten ein, die ich beim FBI gelernt habe, weil Sie etwas Wichtiges wissen müssen: Jenseits aller schnell vergessenen Schlagzeilen, aller politisch motivierten Angriffe, aller aufgebauschten seltenen Missgriffe bleibt das FBI eine der unentbehrlichsten Institutionen unseres Staates. Sie müssen wissen, dass diese Behörde aus außergewöhnlichen Menschen besteht, die einer ebenso außergewöhnlichen Organisation unterstehen. Diese Organisation agiert getreu ihrem Motto FBI – *Fidelity, Bravery, Integrity* (Treue, Mut, Integrität). Wir können von ihr wichtige Lektionen für unsere individuellen Karrieren, unsere Firmen und das Land lernen. Dieser Vorgang, diese Organisation, diese Werte und die Geschichten, die sie illustrieren, ergeben zusammen den FBI-Code. Er führt zu außergewöhnlichen Fähigkeiten und Erfolgen, und jetzt steht dieser Weg auch Ihnen offen.

KAPITEL 1

VERHALTENSKODEX (CODE)

Mein Auftrag bestand darin, den *Code*, das ist der Verhaltenskodex des FBI, zu wahren. Während meiner Laufbahn als höherer Beamter im FBI musste ich teilweise diesen Kodex gegen einige der besten Männer und Frauen unseres Landes anwenden – unsere eigenen Agenten. Sie alle sind begabte und engagierte Staatsdiener, die eine detaillierte Überprüfung ihres persönlichen Hintergrundes (die regelmäßig wiederholt wird), periodische Lügendetektortests, stichprobenhafte Drogentests und eine detaillierte Offenlegung ihrer finanziellen Verhältnisse bestanden haben. Dennoch kann es auch bei so integren Menschen mitunter vorkommen, dass sie gegen die Vorschriften des FBI verstoßen. Dann musste ich eingreifen.

Ein Kodex ist ein System von Prinzipien oder Regeln. Unternehmen, Gemeinschaften und Staaten brauchen ihn, um ihre Werte festzuschreiben, damit sie und ihre Werte bestehen und gedeihen können. Sie müssen allerdings nicht bei der Polizei, beim Geheimdienst oder in einem sicherheitsrelevanten Beruf tätig sein, um von dem Folgenden zu profitieren. Das vorliegende Buch richtet sich vielmehr an Leser in jedem beliebigen Umfeld und an alle Gruppen beliebiger Größe. Wenn Sie das Konzept der sieben Cs übernehmen, schützen Sie damit Ihre Werte und Ihren Kodex gegen alle inneren und äußeren Bedrohungen und erhalten sie aufrecht.

Schon als ich in meinem Heimatort in Connecticut aufwuchs, wollte ich unbedingt als Agent für eine der Elitebehörden arbeiten und gegen das Verbrechen kämpfen. Wir wohnten nahe genug an New York, dass unsere Zeitungen und Fernsehsender laufend aus der Metropole berichteten. Mich faszinierten die Reportagen über die Razzien des FBI gegen Mafiosi und die Bosse von Verbrechersyndikaten. Dass die FBI-Agenten dabei auf Intelligenz statt Gewalt setzten, bewunderte ich besonders, und schließlich sah ich auch ständig in den Fernsehkrimis, wie heldenhafte FBI-Agenten den geheimnisvollen Fall der Woche in weniger als einer Stunde lösten, einschließlich Werbespots.

Also setzte ich mich, ganze elf Jahre alt, hin und schrieb dem Leiter des FBI-Büros in New Haven unumwunden, dass ich Special Agent zu werden gedachte. Wie staunte ich, als er nicht nur tatsächlich antwortete, sondern sogar mit einem völlig ernsthaften, persönlichen Brief mit Unterschrift, in dem er aufzählte, welche Voraussetzungen ich für eine Bewerbung erfüllen musste. Diesen Brief habe ich bis heute.

Als ich das College abgeschlossen hatte (ich war der Erste in meiner Familie, der es so weit brachte), ging ich an die Uni, um Jura zu studieren. In Handelsrecht, Verfassungsrecht und Bürgerlichem Recht war ich nicht schlecht, aber meine Leidenschaft war das Strafrecht. In meinen ersten Semesterferien absolvierte ich ein Praktikum in der Kanzlei der Pflichtverteidiger auf Bundesstaatsebene. Ich gewann zwar großen Respekt vor der Leistung, jedem Bürger, der einer Straftat angeklagt wird, sein verfassungsmäßiges Recht auf einen Verteidiger zu verschaffen, aber Strafverteidiger war einfach nicht mein Traumberuf. Im Herbst erfuhr ich in der Studienberatung der Juristischen Fakultät, dass das FBI seit Kurzem ein sogenanntes Honors Internship Program anbot. Das heißt, es wurden bezahlte Praktikantenplätze für eine Handvoll besonders begabter Studenten vergeben, die einen Sommer lang in der Washingtoner FBI-Zentrale arbeiten konnten. Meine Bewerbung ging am nächsten Tag in die Post.

Bis ich alle Überprüfungen durchlaufen hatte, verging der Rest des Studienjahres. Das FBI wollte mit diesem Praktikantenprogramm neue Mitarbeiter anwerben, und die Bedingungen, die man erfüllen musste, waren daher genauso streng wie bei der Bewerbung als Special Agent. Aber ich wurde angenommen. Die ganzen Sommerferien über ging ich jeden Morgen zur Arbeit in einen riesigen Komplex an der Pennsylvania Avenue. Eine lange Reihe amerikanischer Flaggen flatterte an der Fassade, und jeden Abend, wenn ich wieder aus dem Gebäude kam, war ich überzeugter denn je, dass ich FBI-Agent werden wollte.

Im dritten und letzten Jahr eines Jurastudiums, als sogenannter L3er, verbringt man bereits viel Zeit mit Bewerbungen, Vorstellungsgesprächen und damit, Angebote von Anwaltskanzleien und Unternehmen abzuwägen. In den Gesprächen der Studenten untereinander geht es ständig darum, wer sich wo bewirbt und wie hoch das Gehalt dort sein wird. Die Kommilitonen sind jetzt Konkurrenten, und man versucht einzuschätzen, wie gut sie sind. An ihren Reaktionen, als ich erzählte, ich wolle zum FBI, merkte ich allerdings schnell, dass ich keine große Konkurrenz zu befürchten hatte.

Sie begriffen nicht, was mich dorthin zog. »Du willst wirklich Räuber und Gendarm spielen?« »Wie willst du von einem mickrigen Beamtensold leben?« Ich sagte ihnen, ich würde schon irgendwie zurechtkommen. Einige Jahre später, als ich beim FBI schon fest im Sattel saß, bekam ich die ersten Anrufe ehemaliger Kommilitonen, die inzwischen ihre Arbeit in Kanzleien und Unternehmen ethisch fragwürdig fanden und sahen, wie mühsam es war, sich in einer Kanzlei bis zum Sozius hochzuarbeiten. Jetzt fragten sie bei mir an, wie man zum FBI komme. Auch ihnen stand nun der Sinn nach einer hehren Aufgabe und verantwortungsvollem Handeln.

Den Verhaltenskodex bekam man beim FBI ziemlich bald nach Antritt in der Academy nahegebracht, in meinem Fall ab dem zweiten Tag. Mein Lehrgang, 87-16, der sechzehnte des Jahres 1987, umfasste fünfzig angehende Agenten (New Agent Trainees, NATs). Am ersten Tag war noch haufenweise Papierkram zu erledigen – Versicherungspolicen, Unterlagen zur Soldauszahlung und Rücklagenbildung –, wir bekamen die Schlafräume zugewiesen und wurden in der Academy herumgeführt. Dann ging es in die Kleiderkammer, wir erhielten Uniformen und Ausrüstung und so weiter. Eine der wenigen sportlichen Prüfungen an diesem Tag war der Abzugstest. Am zweiten Tag fehlten dann bereits mehrere Lehrgangsteilnehmer. Das hatte folgenden Grund.

Unsere Dienstwaffe damals war die Smith & Wesson .357 Magnum, ein schwerer Revolver. Die 357er war aus Ganzstahl und so groß, dass man sie unter einem Anzug unmöglich verstecken konnte, außer vor einem Blinden. Im Lauf meiner Dienstzeit wechselte das FBI dann zu leichten Halbautomatikpistolen. Die heutigen halbautomatischen Direktabzugswaffen bestehen aus Kompositkunststoffen und erfordern keine große Muskelkraft mehr zum Schießen, aber die S&W Magnum wog geladen über ein Kilo, und man brauchte einen Abzugsdruck von mindestens vier Kilo, um den Schuss auszulösen.

Stellen Sie sich vor, Sie nehmen eine volle Weinflasche in beide Hände und halten sie mit waagerecht ausgestreckten Armen dreißig Sekunden lang vor sich. So schwer war die Waffe, und so lange dauert der Test. Um zu verstehen, was vier Kilo Abzugsdruck bedeuten, nehmen Sie eine Gallonenflasche Milch, die wiegt etwa 3,8 Kilo, legen Sie den Zeigefinger um den Griff und heben Sie sie von der Küchenanrichte hoch, wobei die Fingerkuppe des Zeigefingers das ganze Gewicht trägt. Das wiederholen Sie, so oft Sie können, eine halbe Minute lang. Danach ist Ihre schwächere Hand dran. Ich kann verstehen, wenn Sie danach erst einmal die Weinflasche entkorken wollen.

Bevor der Lehrgang in der Academy losging, verbrachten wir eine Eingewöhnungsphase in einer Dienststelle. Dort werden die Bewerber für die Ausbildung zum Agenten zahlreichen psychologischen und medizinischen Tests sowie Konditionstests unterzogen, darunter auch dem Abzugstest, den sie bestehen müssen, um an der FBI Academy in Quantico, Virginia, zugelassen zu werden. Man musste beweisen, dass man ausreichend Kraft hatte, um mit der Magnum umzugehen, indem man eine ungeladene Waffe innerhalb einer halben Minute mindestens 29-mal mit der stärkeren und 27-mal mit der schwächeren Hand »abfeuerte«, also mit der Waffe im Anschlag den Abzug durchdrückte. Wer das nicht schaffte, bekam Übungen zur Stärkung der Handmuskulatur verordnet und durfte den Test wiederholen, aber bevor der Bewerbungsleiter vor Ort einem das nicht bestätigt hatte, durfte man auch nicht nach Quantico. Allerdings standen die Bewerbungsleiter damals unter starkem Druck, möglichst viele Kandidaten zu liefern, und so kam es vor, dass Kandidaten dort zur Ausbildung antraten, die den Abzugstest noch nicht so ganz bestanden hatten.

Der Abteilungsleiter, der für die Neulinge zuständig war, brodelte innerlich bereits vor Wut, weil immer mehr Teilnehmer auftauchten, die diese Voraussetzung nicht erfüllten. Das wussten wir aber noch nicht, als wir am zweiten Morgen in den Unterrichtsraum kamen und sechs Stühle leer blieben, als wir uns setzten.

Später erklärte der Abteilungsleiter, dass er die Schnauze voll hätte von Bewerbungsleitern der Dienststellen, die es mit den Testergebnissen nicht so genau nähmen oder die Bewerber nicht so kurz vor der Zulassung für Quantico geprüft hätten, wie es vorgeschrieben war. Indem er die Durchgefallenen zurückschickte, wollte er den Bewerbungsleitern eine Lektion erteilen. Sie würden ihr Soll an Bewerbern erst dann erfüllt haben, wenn die betreffenden Kandidaten den Test bestanden hätten. Diese Lektion in Integrität zielte zwar auf die Anwerber, aber auch uns Lehrgangsteilnehmern war sie klar genug – es verstieß gegen den Verhaltenskodex, fünfe gerade sein zu lassen.

Ähnlich streng nach dem Kodex ging es auf dem Schießplatz zu. Als ich 1987 anfing, feuerten die NATs in der Schießausbildung – nach Ansicht der meisten Fachleute die beste der Welt – noch Tausende scharfer Schüsse ab. Agenten in der Ausbildung hatten täglich den halben Tag Unterricht im Hörsaal, die andere Hälfte des Tages verbrachten sie mit Selbstverteidigungs- oder Schießausbildung. Mein erster Tag auf dem Schießplatz war für mich, wie für viele andere auch, das erste Mal, dass ich eine Pistole abfeuerte. Nachdem wir auf die großen Papierbögen am Ende der Bahn geballert und hoffentlich wenigstens unser eigenes Ziel und nicht das des Nachbarn getroffen hatten, hörten wir die Stimme Gottes – oder vielmehr die des Ausbilders aus den Lautsprechern. Er hockte hoch über uns mit einem Fernglas in der Hand in einem geschlossenen Beobachtungsstand. Nach dem Schießen befahl er: »Entladen und sichern Sie Ihre Waffen und verstauen Sie sie im Holster. Gehen Sie vor zum Ziel und zählen Sie Ihre Treffer.« Uns wurde klar, dass wir hier einen Vertrauensvorschuss bekamen.

Außer wenn wir in regelmäßigen Abständen einen »Protokolldurchgang« absolvierten, der in ein offizielles Zeugnis einging, waren wir es selbst, die einen Stift aus der Hemdtasche nahmen, einen Strich durch jedes Loch in der Zielscheibe zogen und die Zahl der Treffer in großen Ziffern auf die Scheibe schrieben, damit der Ausbilder, der die Bahnen abschritt, sie notierte. Wirkte die Zahl ein bisschen zu hoch für die Anzahl der Löcher in der Zielscheibe, zählte der Ausbilder nach. Das kam mit der Zeit häufiger vor, weil wir allmählich besser zielten und die Einschüsse dichter beieinander lagen oder sich überschnitten, sodass man oft nur schwer sagen konnte, wie viele es waren. Nach einer Weile schossen wir dann durch bereits vorhandene Löcher, und unsere armen Zielsilhouetten sahen nicht mehr aus, als hätten sie die Masern, sondern als fehlte ihnen ein lebenswichtiges Organ. Wenn der Ausbilder allerdings annehmen musste, dass man bei der Bewertung absichtlich schummelte, bekam man eine Verwarnung. War der Betreffende dumm genug, das Vertrauen, das der Ausbilder beim Trefferzählen in ihn setzte, ein zweites Mal zu missbrauchen, musste er seine Sachen packen.

Auf dem Schießstand erhielten wir außerdem eine Lektion in *Bescheidenheit* und *Verantwortungsgefühl*. Wir waren zwar in der Ausbildung zum Eliteberuf eines Special Agent des FBI, hatten eine gute Schulbildung, oft sogar mit Universitätsabschluss und Berufserfahrung, aber wir mussten trotzdem unseren eigenen Müll aufsammeln.

Damit meine ich die unzähligen Patronenhülsen, die in einem Schießdurchgang anfallen, bei dem man entsprechende Schüsse abgibt. Die von der Waffe ausgeworfenen Messinghülsen verteilten sich über die asphaltierten Schießbahnen und verschwanden im Rasen daneben wie Kleingeld in einem Flokatiteppich. Auf den Hülsen konnte man ausrutschen und stürzen, wenn man zum Ziel sprintete. Außerdem ist Messing ein wertvolles Buntmetall, das dem FBI ein bisschen Geld durch Recycling brachte. In den Pausen zwischen den Schießdurchgängen kommandierte der Lautsprecher »Sammeln Sie Ihr Messing auf«, und wir beeilten uns, die Hülsen aufzuklauben, die noch heiß waren und sich manchmal in den weichen Erdboden einbrannten.

Es sagte eine Menge über die einzelnen Lehrgangsteilnehmer aus, wie gründlich sie diese ansonsten bedeutungslose Aufgabe erledigten. Wer dachte, diese Arbeit sei unter seiner Würde, und die unter den Grasbüscheln versteckten Hülsen einfach liegenließ, den verriet oft die Sonne, die dafür sorgte, dass es im Gras neben der Schießbahn plötzlich glitzerte. Wer nicht wusste, was da vor sich ging, hätte die mehreren Dutzend gebückter Gestalten mit ihren Sammeleimern womöglich für Ährenleser nach der Ernte halten können. Später wurde mir klar, dass auch das dazu diente, uns einen Wert des FBI-Kodex nahezubringen: Erledige auch die Kleinigkeiten gründlich und so gut du kannst, oder lass es gleich sein. Auch wenn wir es damals noch nicht merkten, begann der Kodex schon in der Ausbildung unser Verhalten zu prägen.

Wem es mit der Integrität ernst ist, der braucht einen klaren Verhaltenskodex. Beim FBI gehört Integrität nicht nur zu den Grundwerten der Behörde, sondern erscheint auch in ihrem offiziellen Motto *Fidelity, Bravery, Integrity* – »Treue, Mut, Integrität«. Eindeutige, klar definierte Regeln erhöhen die Wahrscheinlichkeit, dass der Einzelne sich diese Grundwerte zu eigen macht. Wenn Sie in Ihrem Unternehmen, Ihrer Organisation, Ihrer Gruppe oder Familie noch keine grundlegenden Verhaltensregeln eingeführt haben, sollten Sie es tun. Es müssen gar nicht viele sein; zu viele Regeln führen nur dazu, dass bald gar keine mehr gelten. Überlegen Sie, welche Verhaltensweisen das, wofür Sie oder Ihre Gruppe stehen, so sehr gefährden, dass Sie eine Existenzbedrohung darstellen. Deklarieren Sie diese »Gefahrenzonen« laut und klar und immer wieder. Wer auch immer zuerst gesagt hat: »Wenn man für nichts eintritt, fällt man auf alles herein«, hatte ganz eindeutig recht.

Jeder gute Verhaltenskodex reflektiert die Grundwerte einer Organisation. Firmen, Schulen, Mannschaften oder jede andere Gruppe, die ihre Regeln in einen Kodex fassen will, muss zunächst ihre Grundwerte festlegen. Das FBI stellt seinen Verhaltenskodex auf der Basis von acht Grundwerten auf:

- unbedingte Treue zur Verfassung der Vereinigten Staaten
- Respekt vor der Würde aller Menschen, die wir beschützen
- Mitgefühl
- Fairness
- kompromisslose persönliche und institutionelle Integrität
- Rechenschaftspflicht – jeder ist für seine Handlungen, Entscheidungen und für deren Folgen verantwortlich
- Führungsrolle sowohl im persönlichen wie beruflichen Bereich
- Diversität

Vorgegeben werden Maßstäbe gewöhnlich von außerhalb, etwa von Vorgesetzten, Eltern, Pastoren, Firmenchefs, Trainern oder anderen, die uns beeinflussen. Andererseits können Maßstäbe aber auch von unten entstehen und durchgesetzt werden – ein sehr viel unberechenbareres Integritätsmodell, das der betreffenden Gruppe nicht immer zum Vorteil gereicht. Sehr viel später in meiner Laufbahn wurde ich zum Chief Inspector, also etwa Generalinspekteur, des FBI ernannt und war damit für Programm- und Leistungsbewertung weltweit verantwortlich. Dabei stieß ich mitunter auf FBI-Teams und manchmal ganze Außenstellen, in denen ein schlechter Chef für eine negative Kultur gesorgt hatte und die Grundwerte binnen kurzem auf den kleinsten gemeinsamen Nenner zurückgefahren oder gar aufgegeben wurden.

Manchmal waren diese Chefs oder auch das ganze Team oder die Außenstelle so »verseucht«, dass einzelne Mitarbeiter entlassen oder versetzt wurden, damit ihre negativen Wertvorstellungen keine Kettenreaktion auslösten. In gewissen, sehr seltenen Fällen musste ich beobachten, dass FBI-Agenten ihren Erfolg nur danach bemaßen, ob es zu einer Anklage oder Verurteilung kam. Sie waren zu allem bereit, um vor Gericht zu gewinnen. Solchen Agenten wurde das Handwerk aber rasch gelegt, weil entweder die Kollegen, das OPR (Office of Professional Responsibility), also die internen Ermittler des FBI, oder die Gerichte selbst sie sich vornahmen und hinauswarfen.

Eine Mannschaft, eine Firma und besonders eine Regierung fällt schnell auseinander, wenn für den jeweiligen Chef nur der Sieg zählt, nicht aber, wie er errungen wurde und ob womöglich Menschen und Werte dabei unter die Räder kamen. Die Mitglieder solcher Gruppen haben die Wahl, entweder ihre gemeinsamen Werte gegen den Chef zu behaupten oder aber ihm nachzugeben und seine verdrehten Vorstellungen zu übernehmen. Eine Organisation wie das FBI, die tief verwurzelte Werte entwickelt hat, die sie immer wieder bekräftigt, ist weniger in Gefahr, dass ihre ethischen Leitplanken brechen, selbst wenn sie verbeult werden.

In einem Kommentar für die *New York Times* am 1. Mai 2019 schrieb der ehemalige FBI-Direktor James Comey über Führungspersönlichkeiten, deren Verhaltenskodex durch einen Vorgesetzten, der selbst über keinen verfügt, gefährdet wird. Comey sagte über seine eigene Zeit als Untergebener Präsident Trumps: »Auch fähige Mitarbeiter, denen es an innerer Stärke fehlt, können den Kompromissen, die man eingehen muss, um in Mr. Trumps Umgebung zu bestehen, nicht widerstehen. Von dieser Erfahrung erholen sie sich nie wieder. Man braucht einen Charakter wie [der ehemalige Verteidigungsminister] Mattis, um ohne Schaden davonzukommen, weil Mr. Trump einem sonst in kleinen Bissen die Seele auffrisst.« Comey betont damit, dass man einen Verhaltenskodex braucht, Werte, die man als Mensch und als Organisation beherzigt, um Widerstände zu überstehen.

Das Office of Professional Responsibility verkörpert das kollektive Gewissen des FBI. Ich war in dieser Abteilung Leiter der Schiedsstelle für den Osten der USA, nach einer Laufbahn als Agent im Außeneinsatz, zwei Jahren als Counterintelligence Supervisor (Leiter der Gegenspionage) in der FBI-Zentrale und schließlich drei Jahren als Koordinator von FBI-Einheiten, die Wirtschaftsspionage und Gewaltverbrechen in San Francisco bekämpften. In meiner Stellung beim OPR und anschließend auf noch höheren Posten musste ich oft Entscheidungen in Disziplinarsachen treffen, die mir sehr schwerfielen. Betroffen waren FBI-Mitarbeiter in einigen der größten Dienststellen in den USA, etwa in New York, Washington, D.C., oder Boston. Als Chef einer OPR-Einheit war es meine Aufgabe, Disziplinarstrafen von einem Klärungsgespräch über mündliche und schriftliche Abmahnung bis hin zu unbezahlter Suspendierung vom Dienst zu verhängen oder sogar die Entlassung aus dem Dienst vorzuschlagen. Ich tat das nie gerne, oft tat es mir in der Seele weh.

Im OPR stapelten sich dicke Akten zu Disziplinarsachen in meinem Posteingang. Jede Anzeige erzählte die Geschichte eines Agenten, Sachbearbeiters, Experten oder sogar eines höheren Funktionärs, der vom rechten Weg abgekommen war, manchmal nur ein wenig, gelegentlich aber auch tragisch weit. Wenn diese Anzeigen auf meinem Schreibtisch landeten, hatten meine Untersuchungsbeamten bereits die Analyse des Falls, die relevanten Präzedenzfälle und eine Empfehlung für die angemessene Sanktion ausgearbeitet und angehängt. Die Arbeit des Teams war fast fertig, aber die Entscheidung musste ich alleine treffen. Wenn sie mir sehr schwerfiel, halfen mir oft meine persönlichen Werte in Verbindung mit dem FBI-Kodex.

Die meisten FBI-Mitarbeiter traten bereits mit ausgeprägten persönlichen Wertvorstellungen der Organisation bei, die sich aber nicht zwangsläufig mit denen ihrer Kollegen oder des FBI als Ganzem deckten. Unterschiede in der Weltanschauung zwischen dem FBI und einem Mitarbeiter konnten zum Beispiel auf dessen Alter, Geschlecht, kultureller Prägung, Lebenserfahrung oder auch Herkunftsort basieren. In Firmen, Organisationen und sogar Familien kommt es zu Reibungen, wenn die Werte der einzelnen Angehörigen nicht mit denen der gesamten Gruppe und ihrem Auftrag übereinstimmen. Deshalb braucht jede Gruppe eine Struktur und ein Verfahren, um ihren Verhaltenskodex zu wahren und in Zukunft zu bestehen.

Es gibt viele Methoden, mit denen das FBI die Einhaltung seines Verhaltenskodex absichert. Eine davon besteht darin, Heimateinsätze von Agenten zu vermeiden. Nach wie vor wird kaum jemand nach der Ausbildung wieder in seinen Herkunftsort versetzt. Ich habe 25 Jahre lang versucht, wieder nach Connecticut zu kommen, ohne Erfolg. Das FBI will damit die Agenten nicht entwurzeln, sondern verhindern, dass sie in der vertrauten Umgebung in Versuchung kommen, vom FBI-Kodex abzuweichen. Also wurde ich, ein Yankee aus Connecticut, als frischgebackener Agent prompt nach Atlanta, Georgia, in die Südstaaten versetzt.

Schon nach zwei Wochen fand ich mich dort mitten in einem Gefängnisaufstand wieder. Das Castro-Regime in Kuba hatte die schlimmsten Verbrecher der Insel, als Bootsflüchtlinge getarnt, den USA aufgehalst. Einige davon saßen im Federal Penitentiary in Atlanta, wo es ihnen nicht besonders gefiel. Sie zettelten eine blutige Revolte an, nahmen die Aufseher als Geiseln und steckten das Gefängnis in Brand. Ein Häftling wurde ermordet, zwei Aufseher verletzt. Der Aufstand dauerte elf Tage. Weil es sich um eine Bundesanstalt handelte, war das FBI dafür zuständig, den Aufstand niederzuschlagen. Das bedeutete zunächst Verhandlungen – auf Spanisch – mit den Geiselnehmern, um sie dazu zu bringen, die Geiseln freizulassen und die Waffen niederzulegen. Sie werden sich jetzt fragen, was meine Rolle dabei war.

Ich war oben in Wachturm vier, einem Turm inmitten von Flammen und Rauch, mit Ausblick auf den zentralen Innenhof. Der Turm konnte nur über einen Flaschenzug mit Nahrung und Getränken versorgt werden. Ich war der Typ mit dem Fernglas, dem Walkie-Talkie und dem Revolver, der einzige Bundesagent neben zwei Gefängniswärtern. Offiziell sollte ich unserer Einsatzleitung die Bewegungen der Rädelsführer melden (soweit ich sie im Qualm erkennen konnte), aber schwieriger fand ich es, einen der extrem wütenden Strafvollzugsbeamten, der immer wieder sein Gewehr in den Innenhof richtete, davon abzuhalten, auf den Anführer der aufständischen Häftlinge zu schießen. Er war schwerer bewaffnet als ich, und etwa alle halbe Stunde zielte er aus dem Fenster des Wachturms und fing an, langsam den Abzug durchzuziehen. Ich durchlebte da oben meine eigene kleine Belagerung. Elf Tage lang musste ich dem Mann immer wieder einen Vorsatz ausreden, der womöglich zum Tod aller Geiseln geführt hätte. Ich musste ihn davon überzeugen, dass mein Verhaltenskodex sinnvoller war als seiner, zumindest vorläufig.

Der stärkste Gegensatz zwischen dem FBI-Kodex und der Stimmung vor Ort in Atlanta bestand darin, dass unsere Behörde führend darin war, die Bürgerrechte durchzusetzen. Wir ermittelten, wenn irgendwo ein brennendes Kreuz aufgestellt oder die Kirche einer afroamerikanischen Gemeinde angezündet wurde. Einmal hatte ich den

Auftrag, einen Aufmarsch des Ku-Klux-Klans in Atlanta zu observieren. Das war nicht in den Fünfzigern, sondern Ende der achtziger, Anfang der neunziger Jahre. Kurz nach meinem Dienstantritt bekam ich einen Fall zugewiesen, in dem zwei Beamte der Staatspolizei Georgias beschuldigt wurden, einen Festgenommenen misshandelt zu haben. Ich las die Festnahmeprotokolle und die Anzeige des mutmaßlichen Opfers, bevor ich meine erste selbstständige Zeugenvernehmung durchführte. Dabei erlebte ich, ein Grünschnabel aus Connecticut, zum ersten Mal, wie jemand mir gegenüber das N-Wort gebrauchte, und zwar nicht irgendein Zeuge, sondern die beiden State Trooper selbst, gegen die ich ermittelte, weil sie einen Schwarzen verprügelt haben sollten. Sie bezeichneten ihn als »Nigger«, nicht bloß einer, sondern beide, und zwar mehrfach. Steht alles in meinem Protokoll. Ein anderer Kodex in einer anderen Kultur, könnte man jetzt sagen, aber als ich am Abend nach Hause kam, sagte ich meiner Frau, jetzt sei ich sicher, das FBI habe mich auf einen fremden Planeten versetzt.

Ermittlungen in Bürgerrechtssachen waren eine Spezialität des FBI, und wenn man genug solcher Fälle bearbeitet hatte, wurde man auch schon mal zum »Fachmann«. Diese Ermittlungen waren oft frustrierend, weil viele Beschuldigungen nie zu einem Verfahren auf Bundesebene führten. Außerdem war es immer heikel, gegen Polizisten, mit denen man täglich zusammenarbeitete und die man gut kannte, wegen unnötiger Gewaltanwendung zu ermitteln. Als einmal eine Anzeige gegen einen leitenden Detective erstattet wurde, der in der Gegend von Athens, Georgia, als County Sheriff kandidierte, wussten die beiden Agenten, aus denen die kleine FBI-Außenstelle vor Ort bestand, dass sie besser die Kollegen aus Atlanta holten, anstatt den Fall selbst zu bearbeiten. Sie handelten ethisch richtig, indem sie sich wegen Befangenheit zurückzogen, vermieden einen möglichen Interessenkonflikt und erfüllten trotzdem den Auftrag. Und ich kam zu einer Dienstreise nach Athens.

Es kommt vor, dass Polizisten, auch FBI-Agenten, das Recht in die eigene Hand zu nehmen versuchen. Das ist sowohl unmoralisch als auch einfach illegal. Der Beamte, der zum Sheriff von Oconee County gewählt werden wollte, übte nicht nur Selbstjustiz, sondern übergab das Recht an jemand anderen. Es ging um einen Einbruch in ein Geschäft. Zwei örtliche Polizisten, einer davon der Sheriffkandidat, stellten einen Verdächtigen, nahmen ihn zur Befragung mit und setzten ihn in ein Verhörzimmer ohne Fenster oder Telefon. Der Ladeninhaber war mit einem der Beamten befreundet. Nach erfolglosem Verhör verließen die beiden Polizisten den Raum und kamen mit dem Geschädigten zurück. Dann wurde es hässlich.

Der Ladeninhaber begann den Verdächtigen zu schlagen, während die Polizisten das Verhör fortsetzten. Er versetzte ihm mehrere Schläge mit der Hand, knallte ihn mit dem Kopf gegen die Wand und drohte damit, ihn umzubringen. Der Verdächtige flehte die Beamten an, den Ladenbesitzer davon abzuhalten. Jetzt selbst Opfer einer Straftat, trug er ein geplatztes Trommelfell, ein blaues Auge und Beulen am Kopf davon und suchte anschließend die Notaufnahme des Krankenhauses auf. Der diensthabende Arzt bestätigte, dass die Art der Verletzungen mit seiner Schilderung des Vorfalls übereinstimmte. Am nächsten Tag hinkte der Verprügelte zum kleinen FBI-Büro in Athens. Die Agenten fotografierten seine blauen Flecken, nahmen seine Aussage auf und vergewisserten sich, dass er medizinisch behandelt worden war. Der Auftrag des FBI, die Bürgerrechte zu wahren, ist mehr als nur Durchsetzung eines Kodex, es geht darum, Recht und Ordnung durchzusetzen. Auf diese Regel hatten auch die beiden Beamten des Sheriffs ihren Diensteid geschworen, wie alle Polizisten, und die weitaus meisten von ihnen wären bereit gewesen, zur Verteidigung von Recht und Ordnung notfalls zu sterben.

Währenddessen kandidierte der dienstältere der beiden Beamten weiter als Sheriff. Erstaunlicherweise gewann er die Wahl, bevor wir ihn anklagen und festnehmen konnten. Weil er in der Stadt beliebt genug war, die Wahl zu gewinnen, fürchteten wir, dass die Geschworenen beim Prozess sein Verhalten als harmlose Selbstjustiz unter Freunden durchgehen lassen würden. Doch immerhin hatten gestandene Bürger von Oconee County in Georgia einen strengeren Verhaltenskodex als ihr Sheriff. Am 9. Dezember 1988 wurden der neue Sheriff, sein Kollege und der Ladeninhaber vor einem Bundesgericht wegen Verschwörung gegen die Rechte des Festgenommenen und Beihilfe zur Verletzung seiner Rechte angeklagt. Alle drei wurden schließlich wegen Bürgerrechtsvergehen verurteilt.

In vielen US-Bundesstaaten verliert ein Polizist, der nach Bundesrecht wegen bestimmter Vergehen verurteilt wurde, seinen Job, und so erging es auch dem Sheriff. Er wanderte ins Gefängnis zu anderen Übeltätern, deren Verhaltenskodex verzerrt oder nicht vorhanden war.

Anders als bei örtlichen Polizeibehörden ließ sich, wie ich an den mir vorliegenden Disziplinarsachen sah, nur ein winziger Bruchteil der FBI-Mitarbeiter ein Fehlverhalten zuschulden kommen, das die Missachtung des Verhaltenskodex zeigte. Das lag hauptsächlich an dem unglaublichen Aufwand, mit dem das FBI seine Mitarbeiter nach sorgfältiger Auswahl ausbildete. Wir befolgten dabei den altrömischen Rechtsgrundsatz *caveat emptor* oder »der Käufer möge sich in Acht nehmen«. Das FBI muss genau wissen, wen es sich ins Haus holt. Die Bewerber wurden streng gesiebt, unter anderem mit psychologischen Tests, Befragungen durch eine Kommission, ärztlichen Untersuchungen und Lügendetektortests. Dadurch blieb die Zahl der Mitarbeiter, die später wegen Fehlverhaltens disziplinarisch belangt wurden, recht gering.

Hatte ein Bewerber die Aufnahmeprüfung und eine erste Befragung vor einer Kommission bestanden, begann die berühmte Hintergrundüberprüfung. Die sogenannte *full field investigation* bediente sich dabei der jeweils zuständigen 56 FBI-Dienststellen in den USA und der inzwischen 63 juristischen Attachés an US-Botschaften im Ausland. In meinem Heimatort bekamen die Ortspolizei und der State Trooper des Städtchens Besuch von einem Agenten der FBI-Dienststelle, der jede eventuell vorliegende Akte über mich oder einen meiner Angehörigen auswertete. Auch der Besuch der Highschool, mein Verhalten dort und meine Noten wurden überprüft, ehemalige Nachbarn, Chefs, Mitbewohner und Freundinnen wurden ausgemacht und befragt. Hatte jemand ein Problem mit mir, wollte das FBI wissen, warum.

Die üblichen Fragen lauteten etwa: »Würden Sie dieser Person Informationen von Bedeutung für die nationale Sicherheit anvertrauen?«

»Wie steht's mit einer Pistole und einer Dienstmarke?« »Wie würden Sie die Wesensart, das Urteilsvermögen, den Ruf und die Staatstreue des Betreffenden einschätzen?« »Kommt der Betreffende mit seinem Einkommen aus?« Auch das College, das man besucht hatte, wurde von den Agenten aufgesucht. Sie stellten fest, ob der Bewerber vom College disziplinarisch belangt worden war und ob er seine Studiengebühren bezahlt hatte. Hatte er je im Ausland gelebt oder studiert, was immer häufiger vorkommt, erhielt der juristische Attaché in der nächstgelegenen US-Vertretung eine entsprechende Anfrage und wandte sich dann an die Polizei des Gastlandes, um Akten zu erbitten und sie zu befragen.

Schon zu Zeiten meiner Bewerbung wie auch heute noch folgt der Hintergrundüberprüfung, wenn der Bewerber sie besteht, ein Lügendetektortest. Die Beamten, die beim FBI mit diesem Gerät arbeiten, sind die besten ihres Fachs weltweit, nicht nur wegen ihres umfassenden Fachwissens, sondern weil sie selbst jahrelang als Agenten Erfahrung sammeln, bevor sie *polygraphist* werden, also Befragungen mit dem Lügendetektor durchführen. Sie verfügen über eine große Menschenkenntnis und Erfahrung in Verhörtechniken. Vor der eigentlichen Sitzung an der Maschine werden die Fragen, die auf den Bewerber zukommen, mit ihm durchgesprochen, und hier wird vielen Kandidaten klar, dass es jetzt ernst wird. Manche stellen sich hier zum ersten Mal die Frage, was für ein Mensch sie tatsächlich sind.

Der Agent in spe nimmt auf einem Stuhl neben dem Lügendetektor Platz, und der Beamte geht die Fragen eine nach der anderen mit ihm durch. Wenn er zum Beispiel sagt: »Ich frage Sie jetzt gleich, ob Sie schon jemals etwas gestohlen haben«, ist das die Gelegenheit für den Bewerber, einzuräumen, dass er vor fünf Jahren an seinem damaligen Arbeitsplatz eine Schachtel Bleistifte hat mitgehen lassen und deswegen immer noch von einem schlechten Gewissen geplagt wird. Eine ehrliche Antwort bei dieser Vorbesprechung ist, sofern man sich dabei nicht selbst eines Verbrechens bezichtigen müsste, immer die beste Strategie, um den Test zu bestehen. Dennoch gibt es immer wieder Bewerber, die vor, während und nach der Befragung an einer Lüge festhalten, obwohl sie nicht einmal durchfallen würden, wenn sie die Wahrheit sagten.

Meistens geht es dabei um früheren Drogenmissbrauch, den der Bewerber hartnäckig abstreitet, obwohl dieser Missbrauch einen nicht automatisch disqualifiziert. Die Betreffenden bringen es einfach nicht über sich, ihr geschöntes Selbstbild hinter sich zu lassen und sich als denjenigen zu betrachten, der sie wirklich sind. Jemand, der sich so verhält, wird beim FBI nicht angenommen.

Ich möchte behaupten, das FBI wendet sehr viel mehr Mühe auf, seine Beamten auszuwählen, als die Wähler bei der Präsidentenwahl. Das FBI schützt die Demokratie, doch bei der Wahl seiner Mitarbeiter muss die Organisation nicht demokratisch vorgehen.

Die Aufnahmeprüfung ist gnadenlos, weil nur die Bewerber mit den höchsten Maßstäben durchkommen sollen – und dennoch gelingt das nicht immer. Einer meiner Vorgesetzten war ein besonders disziplinierter und anständiger Mann. Wenn wir, was selten vorkam, von einem FBI-Mitarbeiter hörten, der wegen lächerlich geringer Summen, die er unterschlagen hatte, in Handschellen aus einer Dienststelle abgeführt wurde, sagte er immer zu mir: »Sollte mir das mal passieren, dann aber mindestens wegen einer Million Dollar.« Damals war das eine so hohe Summe, dass man sie beim FBI auch mit bösem Willen nicht hätte unterschlagen können. Er meinte damit, dass das FBI keine vollkommenen Bewerber suchte, sondern solche, deren moralische Schwelle so hoch lag, dass sie in der Praxis nie in Versuchung kommen würden.

Jeder Mensch kann in Versuchung kommen; niemand ist dagegen immun. Aber man kann die Schwelle dafür durch die richtigen Verfahren und Grundsätze erhöhen. Man kann auch verhindern oder zumindest verzögern, dass jemand der Versuchung nachgibt, sich nicht korrekt zu verhalten, indem man auf mögliche Frühwarnzeichen achtet und regelmäßig Rechenschaft fordert. Jede Organisation, auch ein Staat, braucht ein System, dessen Alarme schrillen, wenn ein Amtsträger Gefahr läuft, der Versuchung nachzugeben. Mit der Warnung ist es allerdings nicht getan, es müssen bereits im Vorfeld Aufsichts- und Rechenschaftsverfahren eingerichtet und dann auch durchgeführt werden, damit Institutionen, Firmen und Regierungen funktionieren können.

Das FBI verfügt über effektivere Kontrollen bei der Einstellung neuer Mitarbeiter als die USA bei der Wahl ihres Präsidenten. Als Donald Trump während seiner Präsidentschaft als »Person 1« in einer Anklageschrift aufgeführt wurde, wurde ich öfter gefragt, ob wir auch den Hintergrund von Präsidentschaftskandidaten oder Abgeordneten durchleuchten. Präsidenten, Abgeordnete und Senatoren bekommen ja schließlich Zugang zu Staatsgeheimnissen. Die Antwort lautet allerdings Nein, und zwar, weil unsere demokratischen Werte das nicht zulassen. Die amerikanischen Bürger legen berechtigterweise großen Wert auf das Recht, jeden, den sie wollen, zum Präsidenten oder Abgeordneten zu wählen. Wir Amerikaner sind sehr stolz darauf, dass bei uns jeder das höchste Amt erringen kann, indem er einfach eine Wahl gewinnt. Wenn wir tatsächlich die Vorgeschichte und Persönlichkeit des Wahlsiegers durchleuchten würden und dabei einen Hinderungsgrund fänden, ihm Geheimsachen zugänglich zu machen, würde eine Gruppe Bürokraten und nicht die Bürger entscheiden, wer Staatsoberhaupt wird – und das will niemand.

Ich habe persönlich miterlebt, wie solche Eingriffe des FBI funktionieren – oder auch nicht funktionieren –, und zwar im Falle eines Kongressabgeordneten und einmal im Falle eines Präsidentschaftskandidaten. Die Macht des FBI hat politische Grenzen, auch wenn es darum geht, jemanden aus Sorge um die Sicherheit des Staates von der Kandidatur abzuhalten oder, wenn er schon gewählt ist, dazu zu bewegen, sein Amt aufzugeben. Zuerst sind natürlich die Wähler an der Reihe. Ihnen sind die vertraulichen Einzelheiten nicht bekannt, aber sie müssen aus dem Kaffeesatz zu lesen versuchen und entscheiden, ob ihnen schmeckt, was ihnen der Betreffende serviert. Zwei Beispiele:

Ich saß einmal einem Präsidentschaftskandidaten gegenüber, einer Person aus der zweiten Reihe, und zwar bei einer Sicherheitsbesprechung, die in Wirklichkeit eine Warnung war. Der Kandidat hatte keine Befugnis, Geheimsachen einzusehen, und seine Motive waren unklar, also konnte ich ihm auch nicht sagen, wie wir erfahren hatten, dass er sich aktiv und wissentlich mit ausländischen Geheimdienstlern eingelassen hatte. Was ich ihm aber sagen konnte, war, dass seine eigenen Motive noch so ehrenhaft sein konnten – das Ausland hatte ganz sicher seine eigenen Pläne mit ihm. Der Kandidat dankte mir nachher sogar, wenn auch mürrisch, für die Warnung. Ich glaube, er hatte die Botschaft verstanden, auch wenn er sie nicht gerne hörte. Seine Kandidatur verlief bald im Sand, aber was, wenn er nominiert worden wäre? Wenn die ausländischen Kontaktleute sich durchgesetzt hätten und wenn er dann tatsächlich ins Weiße Haus eingezogen wäre?

Ein ähnliches Gespräch führte ich mit einem Kongressabgeordneten, diesmal weniger taktvoll. Ich erklärte ihm unumwunden, dass ein ausländischer Geheimdienst ihn als seinen Agenten betrachtete, als eine bezahlte Quelle. Ich darf leider nicht verraten, was der Abgeordnete mir entgegnete, aber ich glaubte ihm kein Wort davon. Am Ende unseres angespannten Austauschs war klar, dass einer von uns seine Position würde aufgeben müssen, und ich war es nicht. Der Abgeordnete sitzt heute nicht mehr im Kongress, aber was, wenn er noch Politiker wäre und seine Kontakte nicht aufgegeben hätte?

Sowohl gegen den Präsidentschaftskandidaten wie gegen den Kongressabgeordneten hatte das FBI Ermittlungen wegen Spionageverdachts aufgenommen, um herauszufinden, ob die Betreffenden möglicherweise bereits Zielpersonen fremder Geheimdienste angeworben hatten. Wir gingen möglichst diskret vor und haben weder an Türen geklopft, noch Befragungen durchgeführt oder allzu viele Politiker informiert, die die Nachricht wahrscheinlich in null Komma nichts über Fernsehsender öffentlich gemacht hätten. Würde sich das FBI wie ein Elefant im Porzellanladen aufführen, handelte es sich nur den Verdacht ein, es sei eine Clique des Tiefen Staats, die versuche, einen gewählten Amtsträger abzuschießen. Auch ein unauffälligerer Ansatz unter Einsatz von Informanten und eigenen Nachforschungen würde jedoch die Anschuldigung nach sich ziehen, das FBI missbrauche seine Befugnisse, spioniere den Wahlkampf aus und sei politisch voreingenommen. Deshalb sitzt das FBI oft zwischen allen Stühlen, wenn es sich für die Sicherheit des Staates einsetzt, und so war es auch im Präsident-schaftswahlkampf 2016.

Früher konnten die Wähler besser einschätzen, welcher Kandidat die geringste Gefahr für die nationale Sicherheit sei, falls sich die Frage überhaupt stellte. In der langen Vorlaufperiode, die den eigentlichen Wahlkampf einleitet, gab es durch Medienrecherchen, Parteitage, öffentliche Debatten, Reden und Wahlprogramme immer die Mög-lichkeit, sich mit den Kandidaten intensiv vertraut zu machen, zumin-dest so intensiv, wie es möglich ist, wenn ein Kandidat, wie es 2016 der Fall war, ein Geschäftsmann ist, der noch nie ein öffentliches Amt bekleidet hatte. Für die amerikanischen Wähler zählt das demokrati-sche Prinzip einer freien Wahl ohne Einschränkung mehr als das Risiko, das damit verbunden ist, die Kandidaten nicht vor der Wahl eingehend prüfen zu können. Bisher haben wir darauf vertraut, dass ein nicht vertrauenswürdiger Kandidat auch nicht gewählt würde, und falls doch, dass er in der ersten Amtsperiode ausschiede. Das funktioniert allerdings nicht, wenn der Gewählte einen anderen Ver-haltenskodex verfolgt als wir.

Wenn wir später herausfänden, dass unser Vertrauen in diese Person ungerechtfertigt war, könnte der Kongress den Präsidenten mit einem Amtsenthebungsverfahren (*impeachment*) zu stürzen versuchen, das aber stark von politischen Faktoren abhängt. Inzwischen ist die Welt viel komplexer geworden. Die sozialen Netzwerke sind voller Propaganda, unsere Computer werden gehackt, und ausländische Mächte mischen sich in unsere Wahlen ein. Die Wahrheit ist Lüge, oben ist unten, schwarz ist weiß. Der Wähler muss heute viel aufmerksamer sein als früher, um den Überblick zu behalten und sicherzustellen, dass wenigs-tens der Verhaltenskodex des Kandidaten mit seinem eigenen überein-stimmt.

Manche prominenten Amtsträger werden nie einer gründlichen Überprüfung unterzogen, wie sie das FBI sogar für seine untergeordne-ten Mitarbeiter, sagen wir einen Automechaniker oder eine Sekretärin, einfordert. Das war zum Beispiel der Fall bei der sehr umstrittenen Berufung des Richters Brett Kavanaugh an den Obersten Gerichtshof.

Als er dabei wiederholt sexueller Verfehlungen, des Alkoholmissbrauchs und der Unbeherrschtheit beschuldigt wurde, untersagte das Weiße Haus dem FBI eine zweite vollständige Hintergrundüberprüfung Kavanaughs. Die Berater des Präsidenten und die republikanischen Senatoren verwiesen darauf, dass er als amtierender Richter an einem Bundesberufungsgericht bereits eine solche Überprüfung bestanden hatte, und waren an einer zweiten nicht interessiert. Nicht nur wurde der Richter nie mittels eines Lügendetektors befragt, sondern das Weiße Haus gab auch vor, wo und wonach das FBI suchen durfte.

Eine solche »offene Vertuschung« war deshalb legal, weil das FBI eine Behörde, die eine Hintergrundrecherche oder sonstige Untersuchung in Auftrag gibt, als Kunden behandelt. Weil der Präsident die Richter des Obersten Gerichtshofs beruft, war in diesem Fall das Weiße Haus unser Kunde, und wir mussten uns nach dessen Wünschen richten. Überprüft das FBI dagegen seine eigenen Bewerber oder führt eigene Ermittlungen durch, handelt es im Auftrag des amerikanischen Volkes, und das Ziel ist ausschließlich, die Wahrheit herauszufinden. Die Grundsätze für das Durchleuchten der Bewerber für hohe Ämter, wie sie heute üblich sind, müssen sich ändern, wenn wir dem Missbrauch dieser Ämter vorbeugen wollen. Das Weiße Haus, der Kongress und andere Regierungsinstanzen sollten bei der Überprüfung ihrer Kandidaten nicht mehr die Bedingungen vorgeben dürfen.

Das war früher anders. Während meiner Zeit als Assistant Director für Spionageabwehr hatte ich mit einem schwerwiegenden Verdacht gegen den Kandidaten des Präsidenten für ein hohes Regierungsamt zu tun, der möglicherweise die Sicherheit des Staates gefährdete. Die Verdachtsmomente traten durch eine Untersuchung des FBI zutage, und wir mussten ihnen nachgehen. Der Präsident hätte uns schwere Vorwürfe gemacht, wenn wir das nicht getan hätten, da waren wir uns sicher. Also setzte ich mich mit dem Leiter des National Security Branch, der Abteilung für Innere Sicherheit des FBI, ins Auto und fuhr zu einer Besprechung mit einem der wichtigsten Präsidentenberater im Situation Room des Weißen Hauses. Wir mussten eine Frage zum Verhaltenskodex klären.

Für den Präsidenten bedeutet es nie etwas Gutes, wenn die Spionageabwehr des FBI um einen Termin bittet, und der Berater wusste schon, dass etwas nicht stimmte. In diesem Fall aber blockierte das Weiße Haus nicht, sondern bat uns im Gegenteil, nachdem wir die Fakten vorgelegt und erklärt hatten, wie wir weiter ermitteln wollten, der Sache so schnell wie möglich auf den Grund zu gehen. Der Präsident muss seinem Kandidaten sogar gesagt haben, er solle mit uns zusammenarbeiten, weil er zu einem Lügendetektortest und einem Verhör bereit war, die ihn dann entlasteten. In diesem Fall teilten das FBI, das Weiße Haus und der Kandidat denselben Verhaltenskodex und dieselben Werte, und davon profitierte die Sicherheit unseres Staates. Dieser Kodex war die Verfassung der USA. Wie aber, wenn es anders wäre, wenn das FBI zum Beispiel einem Justizminister unterstellt wäre, der andere Ansichten und vielleicht einen ganz eigenen, anderen Verhaltenskodex hätte, oder wenn wir vielleicht sogar einen Präsidenten ganz ohne Verhaltenskodex hätten?

Für die Mitarbeiter des FBI bedeutet *code* nicht bloß Kodex als Richtlinie für das Verhalten untereinander, sondern er ist vielmehr der Existenzgrund für das FBI, das die Einhaltung des US-Strafgesetzbuchs (*criminal code*) sowie der anderen Bundesgesetze, über dreihundert an der Zahl, von weniger bekannten wie dem Zugvogelgesetz und dem Kühlschrankgesetz über die politisch wichtige Bürgerrechtsgesetzgebung bis hin zu den Bundesgesetzen gegen Computerkriminalität, Beamtenkorruption, Bankraub, Entführung, räuberische Erpressung, Betrug, Drogen, organisiertes Verbrechen, Spionage und Terrorismus überwacht. Weil das FBI ständig die Einhaltung dieser *codes* überwacht, können seine Mitarbeiter vielleicht auch den Kodex ihrer eigenen Behörde leichter zu ihrem eigenen machen.

Während meiner Dienstzeit im FBI wussten die Profis in der Spionageabwehrabteilung, wie wichtig es ist, diese Werte zu wahren. Wenn man gegenüber einem dieser Agentenjäger von *code* sprach, dachte er sofort an den Geheimcode des Gegners, die Verschlüsselungsmethoden, die die Zielperson anwendet, um sich mit ihren Führungsoffizieren und den Diplomaten vor Ort zu verständigen. Sie wussten, dass sie den Sieg in der Tasche hatten, wenn sie den Geheimcode des Gegners knackten, und dazu brauchten sie den Entschlüsselungscode. Damals hieß das: Der am stärksten umworbene und überwachte Angestellte einer ausländischen Botschaft oder eines Konsulats war nicht der Botschafter oder der Militärattaché, nicht einmal der Chef der Spionageabteilung, sondern der Kryptograph – falls man ihn überhaupt entdeckte. Der Kryptograph einer gegnerischen Macht, der an eine Vertretung dieser Macht in den USA versetzt wurde, lebte verborgen wie ein Einsiedler. Er ging kaum in die Öffentlichkeit, und wenn, dann nicht alleine. Oft wurde er von der eigenen Seite überwacht. Herauszufinden, wer Zugang zu den Geheimcodes hatte, war der erste Schritt. Ihn anzuwerben war Schritt zwei. Den Erfolg zu feiern folgte als Schritt drei, falls nicht ein Mord dazwischenkam.

Eines Tages rief mich mein Boss in Atlanta zu sich und schloss die Bürotür hinter mir. Er hatte eine Order aus Washington für mich, Dringlichkeitsstufe »Alles stehen und liegen lassen«. Es gab noch nicht einmal eine Akte oder auch nur ein Aktenzeichen für den Vorgang, nur einen eiligen Anruf auf der gesicherten Leitung aus der FBI-Zentrale. Die Polizei hatte in einem Vorort von Atlanta eine Leiche in einer Wohnung gefunden. Im selben Apartment fand sie auch die Visitenkarte eines FBI-Agenten aus Washington, D.C. Sie rief den Agenten an, und in der Hauptstadt brach die Hölle los. Jetzt gab die Zentrale die Panik an uns weiter.

Zuerst rief ich, um mich ins Bild zu setzen, meinerseits den Agenten der Dienststelle Washington an, dessen Visitenkarte in der Wohnung gefunden worden war. Über eine abhörsichere Leitung erklärte er mir, das FBI habe den Kryptographen an der Botschaft eines bestimmten Landes anwerben können. Der Mann spielte für unser Team – bis er verschwand. Er war wichtig für uns, und das FBI hatte ihn die letzten Tage fieberhaft verstohlen gesucht. Noch schlimmer war, die Gegenseite hatte ihn auch gesucht. Seine Landsleute wussten genauso wenig wie wir, wo ihr Experte abgeblieben war, und hatten ein geheimes Suchteam aus der Heimat in die USA geschickt. Wir befanden uns also in einem Wettrennen gegen Leute, die keine Hemmungen hatten, im Notfall zu töten. Da es bereits eine Leiche gab, hatten sie es vielleicht auch schon getan.

Mein nächster Anruf galt dem zuständigen Detective bei der Mordkommission der Polizei. Ich stellte mich vor und fragte, ob ich vorbeikommen dürfe. Seine Kommission arbeitete eng mit meinen FBI-Kollegen in der Abteilung für Gewaltverbrechen zusammen, und er freute sich über jede Information, die ihm bei der Aufklärung seines Mordfalls helfen würde. Mir ging es genauso, und bei meinem Anruf erfuhr ich zunächst, dass es sich bei der Leiche um eine Frau handelte. Unsere Zielperson war männlich. Daraufhin wollte ich mir den Tatort genauer ansehen, aber mein Chef rief mich zurück, als ich schon auf dem Weg aus der Bürotür war, und sagte, Oliver »Buck« Revell, einer der drei Executive Assistant Directors (EAD) des FBI, wolle mich sprechen, wieder über eine abhörsichere Telefonleitung. Revell, heute eine Legende beim FBI, gehörte zur sogenannten heiligen Dreifaltigkeit, den drei Mitgliedern der Führungsebene unmittelbar unter dem Director. Er leitete die gesamte Ermittlungstätigkeit des FBI, und ich war bloß ein einfacher Agent im Außeneinsatz. Ein so hohes Tier würde mich niemals direkt anrufen. Ich fragte meinen Chef, ob das ein Witz sei; er schüttelte den Kopf, zuckte mit den Schultern und gab mir Revells Nummer.

Soweit ich mich erinnere, lief das Gespräch so ab:

»Buck Revell.«

»Frank Figliuzzi in Atlanta. Sie wollten mich sprechen, Sir.«

»Frank, ich wollte Ihnen sagen, dass die Lage ziemlich ernst ist. Möglicherweise handelt es sich in Atlanta um einen ausländischen Terroranschlag.«

»Ich verstehe, Sir.«

»Vermutlich sind die Killer der anderen Seite bereits vor Ort in Georgia und haben die Ehefrau der Zielperson getötet, vielleicht auch schon die Zielperson selbst. Halten Sie mich auf dem Laufenden, wenn Sie mehr wissen. Waren Sie schon bei der Polizei?«

»Nein, Sir, ich war gerade auf dem Weg dorthin.«

»Halten Sie sich ran.«

In der Mordkommission waren alle Detectives schon um den Besprechungstisch versammelt und erwarteten mich. Als Erstes brachte ich eine Entschuldigung vor – ich wisse selbst nicht viel, und was ich wisse, sei zum Teil geheim. Verraten durfte ich immerhin, dass wir dringend nach dem Ehemann des Mordopfers suchten. Ich gab ihnen Namen und Bild des Mannes, erklärte, es handele sich um den Mitarbeiter einer diplomatischen Vertretung in Washington, und er sei verschwunden. Ich führte aus, der Mord sei möglicherweise von einem Profi begangen worden, vielleicht sogar einem Killerteam. Die Detectives begriffen die Lage und gaben mir alle Fakten, die sie hatten: Aussagen von Nachbarn und Kollegen, Gegenstände aus der Wohnung, Berichte über Lärm, Geschrei und Türenknallen. Anscheinend hatte die Tote aus beruflichen Gründen die Wohnung vorübergehend gemietet. Ich sah mir die Tatortfotos an.

Was ich sah, war nicht die Arbeit von Profikillern. Die Leiche lag auf dem Rücken ausgestreckt mitten im Zimmer, sie war angekleidet und mit einer Decke verhüllt, die jemand an den Rändern sorgfältig unter sie gestopft hatte. Oben auf die Decke war ein handschriftlicher Brief in der Muttersprache der Toten angeheftet. Schon bevor wir den Brief übersetzen ließen, wusste ich, dass der Täter tiefe Gefühle für diese Frau gehegt, sie vielleicht geliebt hatte. Die Übersetzung bestätigte das, es war die Rede von Liebe und Reue. Mir war klar, dass die Zielperson des FBI wahrscheinlich selbst die Tat begangen hatte. Er hatte seine Frau umgebracht und war jetzt auf der Flucht. Blieb nur noch die Frage, wer ihn zuerst stellte.

Wir verloren das Rennen. Wie gesagt suchte auch das Team der Gegenseite nach unserem Mann – oder richtiger: seinem Mann. Der Kryptograph hatte den tödlichen Fehler gemacht, nach Washington zurückzufahren und Kontakt mit seiner Botschaft aufzunehmen. Er wollte wieder hinein. Seine Kollegen überredeten ihn, an Ort und Stelle zu bleiben, und versprachen Leute zu schicken, die ihn abholten. Diejenigen, die ihn an der betreffenden Straßenecke aufsammelten, waren ihm nicht wohlgesonnen. FBI-Agenten waren ihm dicht auf den Fersen, um seine Entführer abzufangen und den Mann zu befreien. Sie durchkämmten die Flughäfen, kontrollierten Passagierlisten, aber es war schon zu spät – er war außer Landes.

Nachdem wir rekonstruiert hatten, wer die »Begleiter« waren und welchen Flug sie genommen hatten, befragten wir die Mitarbeiter der betreffenden Fluglinie und werteten die Aufnahmen der Überwachungskameras aus. Es ergab sich folgendes Bild: Der Kryptograph war vermutlich unter Drogen gesetzt, durch die Abfertigung geschleppt, mit einem falschen Ausweis an Bord der Maschine gebracht und auf seinen Platz gesetzt worden. Er schlief auf dem gesamten Rückflug in sein Heimatland. Dort angekommen, sorgten die Henker der Regierung dafür, dass er für immer weiterschlief. Der Kryptograph hatte nach einem neuen Verhaltenskodex leben wollen, konnte aber den tödlichen Schranken des alten nicht entkommen.

Man kann immer nur nach einem Verhaltenskodex leben, nicht nach mehreren, und solange man sich die eigenen Werte nicht klarmacht, kann man Bedrohungen des eigenen Verhaltenskodex auch nicht erkennen und vermeiden, weil man sie nicht kommen sieht. Der Botschaftsangestellte, der sich von uns hatte anwerben lassen, wollte nach dem Kodex seiner alten und neuen Herren gleichzeitig leben und bezahlte mit dem Leben dafür. Unsereins bringt es nicht gleich um, wenn wir keinen Verhaltenskodex haben, aber, gleich wer wir sind, bereichert es unser Leben und unsere Tätigkeit sehr, einen zu haben. Es klingt vielleicht widersinnig, aber ein Verhaltenskodex ist keine Einschränkung der Freiheit. Wenn man nach einem lebt, hilft er einem vielmehr, falsche Entscheidungen, falsche Bekanntschaften und falsche Ergebnisse zu vermeiden.

SCHUTZGEMEINSCHAFT (CONSERVANCY)

Wenn man zum FBI geht, schließt man sich einer *conservancy* an. Dieser Begriff bezeichnet im Amerikanischen eine Schutzgemeinschaft, die sich der Bewahrung eines Ortes oder einer Sache verschrieben hat, wie etwa beim Denkmal- oder Naturschutz. Mitglieder einer Schutzgemeinschaft übernehmen Verantwortung für die Bewahrung einer Sache, die über sie selbst hinausweist. Wenn man als Mitglied aktiv Verantwortung übernimmt, toleriert man die Werte der Gruppe nicht nur, sondern übernimmt sie für sich persönlich. Das Verantwortungsgefühl gewinnt innerhalb der Organisation konkrete Bedeutung, weil die Mitglieder wissen, dass sie den anderen Rechenschaft für ihr Verhalten schulden.

Im FBI hat jeder seinen Vorgesetzten, dem er Rechenschaft ablegen muss: Agenten im Außeneinsatz ihrem Gruppenleiter, der wiederum dem Assistant Special Agent in Charge (ASAC) gegenüber verantwortlich ist, und der seinerseits dem Special Agent in Charge (SAC) als Leiter der Dienststelle. Der SAC untersteht einem Deputy Director, welcher dem Director untersteht, dem Leiter des FBI. Dieser ist für seine Behörde dem stellvertretenden Attorney General (in den USA Justizminister und Generalbundesanwalt) gegenüber verantwortlich, der wiederum dem Attorney General selbst, also der Regierung, die dem Kongress Rechenschaft schuldet. Weil der Kongress vom Volk gewählt und den Wählern rechenschaftspflichtig ist, ist letztlich jeder FBI-Mitarbeiter dem gesamten amerikanischen Volk gegenüber verantwortlich.

Dass auch die Chefs einer Gruppe Rechenschaft schuldig sind, ist entscheidend dafür, die Werte einer Gruppe zu wahren. Das Verhalten der Führungspersonen und ihr Umgang mit Fehlverhalten bestimmt letztlich die Integrität der Gruppe. In der FBI-Zentrale wurden die Einsatz-, Unterstützungs- und Verwaltungsabteilungen jeweils von Assistant Directors geleitet, die dem Director und seinen Executive Assistant Directors mindestens einmal täglich einen Lagebericht gaben. Nach diesen morgendlichen Besprechungen informierte der Director den Justizminister, woraufhin beide sich jeweils, zumindest damals, ins Weiße Haus aufmachten, um ihrerseits dem Präsidenten Rapport zu erstatten. Es verging kein Tag, an dem nicht mindestens einer von uns im Kapitol war, um einem Ausschuss des Senats oder dem Repräsentantenhaus Auskunft zu geben. Wir in der Abteilung für Disziplinarsachen wussten, dass der Generalinspekteur (Inspector General, IG) des Justizministeriums freien Zugriff auf unsere Fallakten hatte und jederzeit ein Verfahren aus unserem Eingangskorb herauspflücken konnte, um es sich genauer anzuschauen. Dieses System von Rechenschaft und Aufsichtsführung funktionierte gut, aber nur, weil alle darin übereinstimmten, über das eigene Handeln Rechenschaft abzulegen und einer Aufsicht zu unterstehen.

Das Konzept der Schutzgemeinschaft ist, wenn man es richtig durchführt, eine gute Methode, um die Ansprüche einer Organisation aufrechtzuerhalten. Beim FBI arbeiteten nicht nur die Chefs nach diesem Konzept, sondern es sicherte auch den Gehorsam der Mitarbeiter. So gut wie jeder Agent kann berichten, dass ihm als Neuling irgendwann sein Gruppenleiter auf die Schulter tippte und ihm einen »neuen Fall« übertrug. Dieser neue Fall bestand darin, zu klären, wie es zu der Beule kam, die ein Kollege aus der Gruppe einem Dienstwagen beigebracht hatte, weil er irgendwo angerempelt war. Bei solchen kleineren Schäden an Dienstfahrzeugen musste traditionsgemäß derjenige die Ermittlungen durchführen, der sich den letzten Unfall hatte zuschulden kommen lassen Konnte nicht mehr festgestellt werden, wer das war (das kam merkwürdig oft vor), dann blieb der »Fall« am Neuling hängen.

Diese Unfallermittlungen musste man ernsthaft betreiben. Man durfte eben nicht einfach wegschauen, wenn sich ein Agentenkollege ins Unrecht setzte. Ein umfassender Bericht, wie er einer Regierungsbehörde zustand, umfasste Fotografien, Befragungen von Zeugen und anderen Beteiligten, eine schriftliche Aussage des Agenten, der den Unfall verursacht hatte, eine Skizze des Unfallorts und eine Zusammenfassung des Unfallhergangs. Genügte der Bericht den Anforderungen nicht, ließ ihn der Chef zurückgehen und man durfte nachbessern. Das war das Letzte, was man sich wünschte, wenn man sowieso schon mit Arbeit überlastet war, aber es steckten zwei Lehren darin: »Jeder Einzelne ist der Gruppe gegenüber verantwortlich« und »Wenn einer Mist baut, schadet er allen anderen«.

Dieses Prinzip der kollektiven Schutzgemeinschaft prägte sowohl das ganze FBI als auch die Besetzung des OPR, der Abteilung für interne Ermittlungen. Ein Agent, der in der Hierarchie aufstieg und seine Pflichtzeit in der Washingtoner Zentrale abdiente, konnte sich für die Leitung einer Untersuchungs- oder Disziplinareinheit des OPR bewerben. Höhere Posten und Chefstellen im OPR kamen mit zunehmendem Dienstalter in Reichweite. Viele Agenten mieden zwar verständlicherweise die unangenehmen Aufgaben, die einen im OPR erwarteten, und ließen sich lieber Terrorabwehr, Spionageabwehr, Computerkriminalität und Strafverfolgung zuteilen, aber es gab auch welche, die sich bewusst zumindest einmal in ihrer Laufbahn mit dem heiklen Geschäft befassen wollten, gegen Kollegen zu ermitteln. Dies war eine gute Möglichkeit, um die eigenen Fähigkeiten in der Personalführung zu verbessern. Meine eigenen kurzen Stationen als interner Ermittler erwiesen sich später als unschätzbar wertvoll für meine Führungsqualitäten.

Selbst wenn man nicht die Hand gehoben hatte, wenn Freiwillige für das OPR in Washington gesucht wurden – keine angehende Führungskraft kam darum herum, interne Ermittlungen zu führen. Das OPR in der Zentrale konnte nämlich längst nicht alle Anschuldigungen wegen Dienstvergehen untersuchen und sollte es auch gar nicht. Wenn Sie als Gruppenleiter in einer Dienststelle zum Beispiel eine Einsatzgruppe gegen das organisierte Verbrechen führten, mussten Sie sich auch mit diesem Aspekt der Schutzgemeinschaft befassen, und zwar dann, wenn das OPR eine Anschuldigung, die Ihre Dienststelle betraf, an Sie delegierte. Niemand musste gegen die eigenen Untergebenen ermitteln, aber sehr wohl innerhalb der eigenen Dienststelle. Bei solchen delegierten Ermittlungen überprüfte der Leiter der Dienststelle Ihren Abschlussbericht und verhängte gegebenenfalls eine Disziplinarstrafe gegen den Betreffenden. Zum FBI-Führungsstil gehörte einfach, dass jeder allen anderen gegenüber verantwortlich war.

Wer es im FBI in die höheren Ränge schaffen wollte, musste außerdem an einer bestimmten Zahl sogenannter Inspektionen teilnehmen. Die Inspection Division des FBI ist eine Art interne Betriebsprüfung, wie sie sich in vielen Großunternehmen findet. Wie für das OPR, konnte man sich auch zur Inspektionsabteilung freiwillig melden oder sich von seinem eigentlichen Posten für die vorgeschriebene Anzahl Inspektionen dorthin abstellen lassen. Auf jeden Fall fand man sich auf dem Weg in die FBI-Führungsspitze sowohl als Prüfer wie als Überprüfter wieder.

Kein Programm und keine Abteilung war von diesen Inspektionen ausgenommen. Gewöhnlich wurden sie mindestens alle drei Jahre einer Prüfung unterzogen. Während meiner Laufbahn war ich an der Überprüfung von mehr als einem Dutzend Dienststellen, mehrerer Abteilungen in der Zentrale und der juristischen Attachés an den Botschaften in London, Tel Aviv und Amman beteiligt sowie an Ermittlungen nach Schießereien, an denen FBI-Agenten beteiligt waren. Weil ich gerne alle Ecken und Winkel des FBI kennenlernen wollte, wurde ich zu einem von nur neun hauptberuflichen Inspekteuren im Senior Executive Service des FBI. Das heißt, dass ich ein Jahr lang praktisch ununterbrochen mobile Teams von Assistant Inspectors von einer Inspektion zur anderen schickte. Nach einem Jahr wurde ich vom damaligen Director des FBI, Robert Mueller, zum Hauptinspekteur (Chief Inspector) ernannt. Diese Zeit, in der ich mich nicht mit Spionage- und Terrorabwehr, der Bekämpfung von Wirtschaftsverbrechen und der Wahrung der Bürgerrechte befasste, war im Vergleich zum Rest meiner Dienstzeit nicht einmal lang, vermittelte mir aber viel Verständnis, wie diese Programme und das FBI als Ganzes funktionierten.

Die Inspektionen des FBI waren berühmt dafür, dass sie gründlich und eingehend waren. Die Inspekteure mussten die Effizienz und den Erfolg jeder Gruppe, jedes Programms und jedes Vorgesetzten im FBI beurteilen. Große Teams, die aus der ganzen Behörde zusammengezogen worden waren, nahmen sich zwei oder drei Wochen lang eine einzelne Abteilung vor. Ermittlungs- und Informantenakten wurden durchgesehen, Prioritäten bezüglich örtlicher Kriminalität und landesweiter Gefährdung der inneren Sicherheit gesetzt und Ziele definiert. Die Agenten und ihre Chefs wurden befragt, die verschiedenen Polizeibehörden, mit denen sie zusammengearbeitet hatten (auf allen Ebenen – von der Orts- über die County- und Staats- bis zur Bundespolizei), um Bewertungen gebeten: Wie erfolgreich war das FBI? Was konnte es besser machen? Hatte eine Dienststelle eine besonders gute Lösung für ein Problem gefunden, wurde sie bekannt gemacht und den anderen Büros empfohlen.

Erfolg hieß dabei nicht, besonders viele Festnahmen vorzuweisen. Dies konnte vielmehr ein Anzeichen sein, dass die Leitung der betreffenden Dienststelle haufenweise kleine Fische einbuchtete, um die Statistiken aufzuhübschen, anstatt mit gründlichen, planmäßigen Ermittlungen das Übel an der Wurzel zu packen. Jeder Inspektion lag die Frage zugrunde, welche Auswirkungen die betreffende Dienststelle und ihre Führung auf unsere Gemeinschaft haben. Vom Chef einer Organisation hängt es ab, wie ernst der Gehorsam genommen wird, und beim FBI war es nicht anders. Ich unterrichtete Director Mueller nach jeder Inspektion persönlich über deren Ergebnisse. Anschließend ließ sich der Director jeweils den Leiter der überprüften Dienststelle oder Abteilung per Videokonferenz zuschalten und ging mit ihm die wichtigsten Punkte meines Berichts durch. Damals gab es noch keine hochauflösenden Videoübertragungen, aber man sah trotzdem die Schweißtropfen auf der Stirn der SACs, die sich rechtfertigen mussten.

Ich glaube fest, dass die Pflicht zur Beteiligung an internen Ermittlungen und Überprüfungen, wie sie das FBI seinen künftigen Führungskräften abverlangt, sie zu verständnisvolleren und verantwortungsbewussteren Vorgesetzten macht. Viele Firmen vermitteln ihren Mitarbeitern unbewusst, dass Vorschriftentreue und moralisches Handeln nur etwas für die anderen sind. Für künftige Führungskräfte ist ein Praktikum in der Betriebsprüfung oft optional, es gibt kaum einen Anreiz, sich hauptberuflich mit diesem Thema zu beschäftigen. Geht es um die Untersuchung von Fehlverhalten am Arbeitsplatz, lassen die meisten Unternehmen ihre Personal- oder Rechtsabteilung mit dem Problem alleine. Wie sollen wir aber Vorgesetzten glauben, dass sie ehrlich und moralisch einwandfrei handeln, wenn sie selbst diese Maßstäbe nicht durchsetzen wollen?

Das FBI richtete eine Disziplinarkommission beim Senior Executive Service (SES) ein, um Vorwürfe gegen die leitenden Persönlichkeiten der Behörde zu untersuchen. Als SAC der Dienststelle Cleveland wurde ich in diese Kommission delegiert und reiste seitdem regelmäßig nach Washington zu Sitzungen, bei denen Disziplinarverfahren entschieden wurden. Manche FBI-Mitarbeiter mögen zwar geglaubt haben, eine eigene Disziplinarkommission bedeute, die Führungsebene vorzuziehen, aber eigentlich war es genau andersherum. Wer in den die ganze Regierung umfassenden SES berufen wurde, hatte den Gipfel seiner FBI-Laufbahn erreicht und kam in den Genuss hoher Gehaltsklassen, einer höheren Pension und möglicherweise Bonuszahlungen. Wurde ein solch leitender Beamter aber eines Fehlverhaltens überführt, drohten ihm auch umso schwerere Strafen. Je höher man in der Schutzgemeinschaft stand, desto mehr war man ihr verantwortlich.

Das U.S. Office of Personnel Management (OPM), sozusagen die Personalabteilung der Regierung, ging davon aus, dass ein SES-Angehöriger nicht für weniger als zwei Wochen ohne Bezüge vom Dienst suspendiert werden könne. Diese Regel hätte bei anderen Behörden dazu geführt, dass sie Suspendierungen ohne Bezüge möglichst vermieden, aber beim FBI führte sie dazu, dass Vergehen, die normalerweise einige wenige Tage Gehaltsverlust bedeutet hätten, Führungskräfte mindestens ein halbes Monatsgehalt kosteten. Die Disziplinarkommission verhängte aber auch nur selten eine längere Suspendierung als zwei Wochen, und zwar nicht, weil eine Krähe der anderen kein Auge aushackt. Vor dem Hintergrund, dass wir für die Wahrung des Verhaltenskodex im FBI sorgen sollten, gingen wir davon aus, dass wenn jemand sich etwas zuschulden kommen ließ, das mehr als 14 Tage Suspendierung vom Dienst als Strafe nach sich zog, überhaupt nicht mehr zu uns gehören sollte. Die Betreffenden verloren entweder ihre SES-Mitgliedschaft oder wurden aus dem FBI entlassen.

Eine Gemeinschaft kann schnell vor die Hunde gehen, wenn einer der Führer der Ansicht ist, er sei ihr keine Rechenschaft schuldig. Viele US-Amerikaner finden zum Beispiel verständlicherweise, dass Präsident Trump die Befugnisse der Exekutive so weit überschritten habe, dass er damit die Gewaltenteilung überhaupt infrage stellte. Seine Weigerung, sich Vorladungen des Kongresses zu beugen, und seine offensichtliche Geringschätzung von Recht und Ordnung, wie sie seine Missachtung des FBI und des Justizministeriums demonstrieren, haben unsere nationalen Werte und sogar das demokratische Prinzip auf die Probe gestellt. In der FBI-Führung gab es Personen, die Trump sogar dabei geholfen haben, das System herauszufordern, indem sie, ob wissentlich oder nicht, von den gewohnten Standards der Verantwortung abwichen. Die fragwürdige Haltung der betreffenden Spitzenbeamten löste in der Öffentlichkeit Misstrauen gegenüber dem FBI aus und förderte die wiederholten Versuche des Präsidenten, Zweifel zu schüren; James Comey geriet unwissentlich in diese Position.

Jim Comey, ein Mann kompromissloser Integrität und in dieser Hinsicht oft als Gegenbeispiel zu Präsident Trump angeführt, wurde bereits von Barack Obama zum FBI-Director ernannt und hatte diesen Posten inne, bis er 2017 von Präsident Trump entlassen wurde. Der FBI-Director ist kein Minister, sondern untersteht dem stellvertretenden Justizminister (Deputy Attorncy General, DAG) und damit natürlich dem Justizminister selbst. Wir können Comeys Urteilsvermögen und seine Entscheidungen in der Serie von Eklats, die zu seiner Entlassung führten, erst dann richtig einordnen, wenn wir seine vorherigen Regierungsposten und was sie von seiner Position beim FBI unterschied, in Betracht ziehen. Acht Jahre, bevor er an die Spitze des FBI berufen wurde, war Comey bereits fast zwei Jahre lang DAG unter Präsident George W. Bush. Davor wiederum hatte er zwei Jahre als Bundesanwalt (U.S. Attorney) für den Southern District des Bundesstaats New York gedient. Damit hatte Comey schon vor seiner Zeit als FBI-Chef zwei der wichtigsten Positionen im Justizministerium innegehabt.

Als Bundesanwalt für einen Teil New Yorks leitete Comey mehrere sehr wichtige, politisch bedeutsame Ermittlungen, und als DAG traf er die endgültigen Entscheidungen bei schwierigen operationellen Problemen, die sowohl das Justizministerium als auch das FBI und seinen Director betrafen. Comeys Erfahrung als leitender Staatsanwalt kam ihm als FBI-Director vermutlich zugute – bis er eines Tages vergaß, welchen Posten er innehatte und wem er unterstand.

Ich muss hier die wohlbekannte Geschichte nicht noch einmal auswälzen. Die meisten Leser wissen bestimmt, dass Comey am 5. Juli 2016 in der FBI-Zentrale eine dramatische Pressekonferenz abhielt, in der er bekannt gab, er empfehle dem Justizministerium nicht, gegen Hillary Clinton ein Verfahren wegen ihres unverantwortlichen Umgangs mit geheimen Daten einzuleiten. Damit stellte er sich ins Abseits, denn die Entscheidung, ob jemand angeklagt wird, steht nicht dem FBI zu, das lediglich eine Polizeibehörde ist, sondern der Staatsanwaltschaft als öffentlichem Ankläger. Direkt gegenüber der FBI-Zentrale steht ein großes Gebäude mit der Aufschrift *Department of Justice*, in dem Hunderte erfahrener Staatsanwälte arbeiten, darunter auch Comeys Chef, der Justizminister, in seiner Funktion als Generalbundesanwalt der USA. Als ich FBI-Chef für Nord-Ohio war, hätte mich eine Pressekonferenz, in der ich nach Ermittlungen gegen einen prominenten Politiker öffentlich gesagt hätte, »kein vernünftiger Staatsanwalt würde hier Anklage erheben«, wie es Comey tat, sofort den Job gekostet. Der SAC einer Dienststelle gilt oft als »Herr seines kleinen Königreichs«, aber in Wirklichkeit müssen wir natürlich alle jemandem Rede und Antwort stehen. Beim FBI gilt: Was ein Agent in Cleveland sich nicht erlauben kann, darf sich auch der Director nicht erlauben.

Comey schadete dem Ansehen des FBI noch weiter, als er sich am 28. Oktober 2016 gezwungen fühlte, den zuständigen Aufsichtsausschüssen des Kongresses mitzuteilen, das FBI habe die Ermittlungen zu Clintons Umgang mit Geheimdaten wieder aufgenommen, weil »E-Mails, die für die Ermittlungen relevant zu sein scheinen«, aufgetaucht seien. Damit zog Comey das FBI unnötigerweise in den zweiten Akt eines Stücks hinein, das bereits dramatisch genug war. Die Computerforensiker des FBI sind durchaus in der Lage, mit speziellen Filterprogrammen rasch herauszufinden, ob eine Festplatte bisher unbekannte E-Mails enthält. Comey hätte das Ergebnis dieser Untersuchung abwarten und dem Kongress einfach mitteilen können. Er handelte in bester Absicht, erweckte aber damit in der Öffentlichkeit den Verdacht, das FBI handele parteiisch.

Wieder neun Tage später, direkt vor der Präsidentschaftswahl, blieb Comey dann keine andere Wahl, als dem Kongress zu sagen, fast alle vermeintlich neu aufgetauchten E-Mails seien Kopien bereits bekannter. Da war es aber schon zu spät, um den Schaden für das Ansehen des FBI noch zu beheben. Als im Jahr darauf Vermutungen aufkamen, Russland habe sich in die Präsidentschaftswahlen auf Betreiben der Trump-Administration eingemischt, gaben Comeys gut gemeinte Fehltritte dem Präsidenten einen willkommenen Vorwand, um sich eines FBI-Directors zu entledigen, den er für eine unmittelbare Bedrohung hielt.

Comeys Verhalten war unangemessen. Der Schaden für das Ansehen des FBI in der Öffentlichkeit hätte sich durch eine bedachte und strategisch geplante Reaktion vermeiden lassen, wenn Comey auch an die Konsequenzen der Konsequenzen (und deren Konsequenzen) gedacht und das FBI aus der Debatte, ob Hillary Clinton angeklagt werden solle, herausgehalten hätte. So wie Comey kann es aber jedem Verantwortlichen einer Schutzgemeinschaft ergehen, wenn er der Versuchung erliegt, zu glauben, er sei der Einzige, der das, was es zu schützen gilt, auch wirklich schützen könne. Eine solche Einstellung führt zu Überreaktionen und schadet dem, was wir bewahren wollen. Das Beste, um das gemeinsame Ziel zu erreichen, ist, die Schutzgemeinschaft zu schützen.

Um die Sichtweise des FBI auf seine Mitarbeiter als Bewahrer der Grundwerte der Behörde zu verstehen, sollte man das FBI vielleicht umfassender als Bewahrer unserer nationalen Werte sehen. Jeder FBI-Mitarbeiter wird genau wie ich an seinem ersten Ausbildungstag auf die amerikanische Verfassung vereidigt. Ich hob zusammen mit den fünfzig anderen Angehörigen des Lehrgangs 87-16 die Hand und schwor:

> *»Ich, Frank Figliuzzi, schwöre* (man darf auch »gelobe« sagen, weil manche religiösen Gruppierungen das Schwören ablehnen) *hiermit feierlich, die Verfassung der Vereinigten Staaten gegen alle inneren und äußeren Feinde zu verteidigen und allzeit in ihrem Geiste zu handeln. Ich schwöre, dass ich diese Verpflichtung aus freiem Willen, vorbehaltlos und ohne Täuschungsabsicht eingehe und dass ich meine Dienstpflichten nach bestem Können und Wissen erfüllen werde. So wahr mir Gott helfe.«*

Am letzten Tag, bei der Abschlussfeier, wiederholten wir den Eid vor unseren Angehörigen und Freunden im Publikum sowie unseren Ausbildern und dem Director. In meinem Lehrgang hatten wir einen gewählten Sprecher, der eine kurze launige Rede voller Anspielungen hielt, die nur wir Jahrgangsmitglieder verstanden. Mit fünfzig Mann hatten wir angefangen; bei der Abschlussfeier waren es nur noch neununddreißig. Die meisten, die es nicht geschafft hatten, waren wegen mangelnder körperlicher Verfassung ausgeschieden. Sie durften sich für einen späteren Lehrgang erneut einschreiben, vorausgesetzt, sie bestanden die Fitnessprüfungen. Einer hatte nach dem ersten Tag auf dem Schießplatz seine Sachen gepackt. Wir hörten, er habe sich nie recht klargemacht, dass er im Dienst womöglich einen Menschen erschießen müsse, bis er zum ersten Mal auf die menschliche Silhouette anlegte, die als Zielscheibe diente.

Bei der Abschlusszeremonie wurde von jedem ein offizielles Foto gemacht, auf dem der Moment festgehalten ist, an dem er Dienstausweis und Dienstmarke überreicht bekommt, und dann folgte ein schlichter Empfang, bei dem wir uns auch langsam wieder mit unseren

Familien vertraut machen konnten. Die frohe Stimmung wurde ein wenig gedämpft, weil das Fest in der Ehrenhalle der Academy stattfand, in der eine Gedenkwand an die Märtyrer erinnert, die als FBI-Agenten im Dienst getötet wurden. Während des Lehrgangs waren wir jeden Tag daran vorbeigekommen, aber jetzt gemahnte sie uns daran, was uns bevorstand.

Falls wir noch weitere Ermahnungen an mögliche Gefahren brauchten, denen wir im Dienst ausgesetzt sein würden, hatte man uns auch die Fingerabdrücke abgenommen, um gegebenenfalls unsere Leiche identifizieren oder unsere Anwesenheit an einem Tatort feststellen zu können. Von allen unseren Dienstwaffen wurden abgefeuerte Geschosse gesammelt und archiviert, um das einmalige Zugprofil der jeweiligen Waffe zu dokumentieren und es mit gefundenen Geschossen vergleichen zu können. In einem Kurs hatte der Ausbilder erklärt, statistisch gesehen werde mindestens einer von uns in den ersten sechs Dienstmonaten seine Waffe auf einen Gegner abfeuern. Bevor wir das Ausbildungsgelände in Quantico verließen, traten wir alle noch in der Waffenkammer an und erhielten unsere Dienstpistole ausgehändigt. „Geladen und gesichert" verließen wir die Academy und gingen zum ersten Mal als Special Agents in die Öffentlichkeit.

Dafür hatten wir monatelang eine intensive Ausbildung in Strafverfolgung und Ermittlungstechniken absolviert: Wir erhielten Unterricht in Strafprozessrecht und den Bestimmungen Hunderter Bundesgesetze, für deren Durchsetzung das FBI zuständig ist; wir wurden mit Bürgerrechtskonflikten, Terrorismus, Spionage, organisiertem Verbrechen, Wirtschaftsverbrechen und Gewaltverbrechen vertraut gemacht. Wir lernten, wie man ein Verhör führt, Informanten gewinnt, Spuren am Tatort sichert und Fingerabdrücke nimmt. Im Nachbarstädtchen übten wir Personen- und Objektüberwachung, feuerten drinnen und draußen, bei Tag und bei Nacht Tausende Schuss ab, bekamen Unterricht in Selbstverteidigung, trainierten Fahndung und Festnahmen mit Profischauspielern. Darüber hinaus absolvierten wir einen Erste-Hilfe-Kurs und lernten, wie man Pfefferspray überlebt. Wir liefen ungezählte Meilen auf befestigten und unbefestigten Straßen und im Gelände, machten

Tausende Liegestütze und Sit-ups und ließen uns vom Zehnmeterbrett ins Schwimmbecken fallen – Füße voran, Knöchel gekreuzt, Kopf auf der Brust –, um zu simulieren, wie man aus einem abstürzenden Überwachungsflugzeug springt. Schließlich wurden wir noch mit einem Partner und einem »Bösewicht« zusammen in einen Käfig gesperrt, bis einer von uns in Handschellen gelegt war (möglichst der Bösewicht). Wir waren bereit, die Nation und uns selbst zu verteidigen. Unser Einsatz als Schutzengel der Verfassung hatte gerade erst angefangen.

Wer etwas beschützt, muss Opfer bringen können. Man kann dem Ruf, das, was einem am Herzen liegt, zu schützen, nicht folgen, ohne wertvolle Zeit, Kraft und Schlaf, Familienleben, Gesundheit und manchmal sogar sein Leben zu opfern. Wenn ein FBI-Agent schließlich in den Ruhestand tritt, hat er zahllose Feiertage, Urlaube, Geburtstage und Hochzeitstage verpasst oder abbrechen müssen – und er hat sie nie nachholen können. Nach der Ausbildung führte mich meine Laufbahn von Connecticut zu Einsätzen quer durch die USA als Assistant Director. Zweimal entschieden wir uns als Familie, dass ich die Woche über alleine nach Washington fahren und nur am Wochenende nach Hause pendeln würde. Wir wussten zum Beispiel, dass die Stelle als Inspector ständige Dienstreisen mit sich brachte und ich sie nicht länger als ein, zwei Jahre bekleiden würde, also blieb meine Familie lieber im sonnigen Florida. Als ich später zum Assistant Director befördert wurde, blieb meine Frau, eine angesehene Referentin für Krankenpflege, in Cleveland. Unser jüngerer Sohn nahm uns das Versprechen ab, dass er während der vier Highschooljahre nicht die Schule würde wechseln müssen – sein letztes Jahr hatte er noch vor sich. Er hatte miterlebt, wie es seinem älteren Bruder ergangen war, der als Neuer an eine fremde Highschool gekommen war, und das wollte er sich ersparen.

Trotz der Nachteile, die es mit sich bringt, wenn die Familie ständig von einem Bundesstaat zum anderen zieht, sind unsere beiden Söhne heute anständige, intelligente und liebevolle Erwachsene mit Berufen, in denen sie anderen Menschen helfen. Einen großen Anteil daran hat meine Frau. Wenn man sich beim FBI bewirbt, wird auch der (Ehe-)

Partner befragt. Meine Frau und ich waren damals jung, noch kinderlos und abenteuerlustig. Eine FBI-Agentin kam in unsere Wohnung und sprach unter vier Augen mit meiner Frau. Sie erklärte ihr, dass ich je nach »dienstlichem Bedarf« überall hin versetzt werden könnte – und auch würde – und dass sie sich auf viele Nächte ohne mich einstellen müsse. Die Agentin wollte sichergehen, dass meine Frau verstand, dass Special Agent zu sein eine Berufung, nicht bloß ein Job ist. Natürlich konnte meine Frau trotzdem nicht ahnen, worauf sie sich damit einließ, aber sie war »voll dabei«, und dafür bin ich ihr sehr dankbar. Nachdem ich offiziell Special Agent war, fing sie an, sich als Special Spouse, »besondere Ehefrau«, zu bezeichnen. Das war ein Scherz, aber sie hatte völlig recht. Eine Familie braucht einen Bewahrer, jemanden, der sie zusammenhält, in unserem Fall war sie das.

Die Opfer, die ein geschworener Beschützer bringen muss, können weit größer sein als Arbeit an Wochenenden und Unbequemlichkeiten für die Familie. Manchmal opfert man auch teilweise seine psychische Gesundheit. Wie viele andere Polizisten werde ich häufiger gefragt, was das Verstörendste war, das ich im Dienst gesehen habe. Darf ich Ihnen einen Rat geben? Stellen Sie Polizisten, Rettungssanitätern, Feuerwehrleuten oder Kriegsveteranen nie diese Frage. Sie sprechen über solche Erinnerungen untereinander oder mit ihren Ehepartnern; das kann sogar zur Bewältigung beitragen. Wenn aber arglose Zivilisten so etwas fragen, dann verlangen sie im Grunde, dass man das Unvorstellbare wieder in sich wachruft und es jemandem mitteilt, der dafür kaum bereit sein dürfte. Ich nehme es Ihnen deswegen nicht übel, wenn Sie die nächsten paar Absätze lieber überspringen, in denen ich Beispiele bringe, was für unauslöschliche Eindrücke man aus einer Laufbahn als Bewahrer der öffentlichen Sicherheit mitnimmt.

Da sind zunächst die verwesenden Leichen von Mordopfern. Ich habe einen Toten gesehen, das Opfer eines schiefgelaufenen Drogendeals, der auf einem Feld in Ohio unter der Sommersonne buchstäblich schmolz wie Wachs. Aus meiner Zeit in San Francisco als Leiter einer Einheit, die Verbrechen an Minderjährigen untersuchte, verfolgen mich immer noch die Bilder der missbrauchten Kinder. Ich sah die Leiche eines Fünfjährigen, der mit Chloroform betäubt worden war, um sexuelle Handlungen an ihm vorzunehmen. Um ihn wieder aufzuwecken, schlugen ihn die Täter mit einer Vorhangstange. Als er nicht wieder aufwachte, wickelten sie den toten Jungen in den Vorhang und deponierten ihn am Rand der Interstate 580, der Schnellstraße, die ich selbst jeden Tag auf dem Weg zur Arbeit benutzte. So verstörend diese Szenen waren, sind es aber – ich weiß auch nicht, warum – nicht die Bilder, sondern die Geräusche, die mich am meisten verfolgen.

Als ich stellvertretender Leiter der Dienststelle in Miami war, ermittelten unsere Agenten 1997 gemeinsam mit denen der Flugsicherheitsbehörden NTSB und FAA im Fall des Absturzes von Flug 101 der Fine Air. Das war eine McDonnell Douglas DC-8, eine alte Frachtmaschine, die unmittelbar nach dem Start vom Flughafen Miami auf dem Weg in die Dominikanische Republik abstürzte. Das Flugzeug war absichtlich überladen worden und wog 2,7 Tonnen zu viel. Die Lademannschaft hatte außerdem – ebenfalls bewusst – darauf verzichtet, die Paletten im Frachtraum mit den ausklappbaren Sperrhaken zu sichern, weil sie derart dicht hineingestopft waren, dass sie sich, so glaubten die Leute, sowieso nicht verschieben konnten. Angestellte der Fine Air vertuschten diese Tatsachen in den Flugpapieren und versuchten nach dem Absturz Beweismaterial zu vernichten. Solche kriminelle Fahrlässigkeit kann leicht zu fahrlässiger Tötung werden; so auch damals. Alle vier Besatzungsmitglieder und ein Unbeteiligter starben in einem Feuerball.

Der Stimmenrekorder im Cockpit zeichnete die Kommunikation zwischen dem Piloten und den beiden Flugoffizieren in ihren letzten Lebensminuten auf. Zuerst hörte ich, wie sie ganz normal die Checklisten durchgingen und die Starterlaubnis erhielten. Dann hört man, wie die Katastrophe ihren Lauf nimmt – die ratlosen Fragen der Piloten, warum das Flugzeug mit dem Heck am Boden bleibt und nicht abhebt, während im Hintergrund die ungesicherten, übergewichtigen Frachtpaletten *rumms-rumms-rumms* ans Heck rutschen und die Nase der Maschine in einem 85-Grad-Winkel nach oben zwingen. Dann der Strömungsabrissalarm im Cockpit, die vergeblichen Versuche der Piloten, die Kontrolle zurückzugewinnen. Die große Frachtmaschine muss einen Augenblick lang fast senkrecht in der Luft gehangen haben, bevor sie, jetzt ohne Auftrieb, vornüber kippte und wie ein Geschoss zu Boden stürzte.

In den letzten Sekunden dann verzweifelte Schreie und Flüche im Cockpit, als den Piloten klar wurde, dass sie sterben würden. Am Ende das Krachen des Aufschlags und die Explosion. Das war schlimm, aber ich habe noch Schlimmeres gehört.

Als Vater kleiner Kinder fand ich es besonders belastend, Verbrechen an Kindern untersuchen zu müssen. Es zerriss mir das Herz, als ich die langgezogenen, verstörten Schreie eines anderen Vaters anhören musste, der verzweifelt versuchte, dem Polizeinotruf zu erklären, was er in seinem Badezimmer im Obergeschoss gesehen hatte. John Lin war von der Arbeit nach Hause gekommen und hatte seine vierzehnjährige Tochter im blutbespritzten Badezimmer grausam ermordet vorgefunden. Unsere Einheit in San Francisco bekämpfte damals nicht nur Kinderpornografie sondern ermittelte auch in einer wachsenden Zahl ungelöster Fälle von Kindesentführungen und Morden an Kindern. Es waren so viele, dass wir schon annahmen, es mit mindestens einem Serientäter, der es auf Kinder in Nordkalifornien abgesehen hatte, zu tun zu haben. In Castro Valley, einem ruhigen Wohnviertel von East Bay, war Jenny Lin, eine begabte junge Musikerin, am 27. Mai 1994 wie immer aus der Schule nach Hause gekommen; allerdings sollte dieser Tag der letzte ihres Lebens werden. Der Mord an Jenny ist bis heute ungeklärt, ihr Zahnspangenlächeln lässt uns nicht los, und die gequälten Schreie ihres Vaters auf der Bandaufzeichnung des Notrufs werde ich nie vergessen.

Wer etwas zu beschützen schwört, muss mitunter auch das größte denkbare Opfer bringen. Kein FBI-Agent wünscht sich die Ehre, ein Gebäude seiner Dienststelle nach sich benannt zu sehen; er wird es auch nie mitbekommen, weil das nämlich bedeutet, dass er im Dienst sein Leben gegeben hat. Wenn ein FBI-Agent diesen höchsten Preis bezahlt, dann wird sein Name manchmal an der Fassade seiner Dienststelle eingemeißelt. Die Newark Field Division zum Beispiel wurde nach Barry Bush benannt, der in meinem Ausbildungslehrgang war. Barry wurde am 5. April 2007 in Readington Township, New Jersey, erschossen, als er in einer Banküberfallserie ermittelte. Zusammen mit seinen Kollegen verfolgte er vier schwer bewaffnete Täter, die in zwei Banken ihre Sturmgewehre abgefeuert hatten. Barry hinterließ eine Frau, seine Mutter, einen Sohn und eine Tochter, sowie einen Bruder und eine Schwester. Wenn das FBI eine Familie ist, dann sind die Lehrgangskameraden aus der Ausbildung unsere Geschwister. Wir mögen nach dem Abschluss in alle Winde verstreut werden, aber die besondere Bindung untereinander bleibt bestehen. Man hat zusammen geschwitzt und gestöhnt, sich geschlagen und pariert, gerungen und sich ins Ziel geschleppt und sich dabei gegenseitig angefeuert, bis man heiser war. Das war zwar Jahre her, aber als Barry erschossen wurde, hielten wir vom Lehrgang 87-16 alle inne und gedachten des höchsten Opfers, das ein entschlossener Bewahrer gebracht hatte.

Zwei der Dienststellen, in denen ich leitende Funktionen hatte, waren nach Agenten benannt, die ihr Leben dafür gegeben hatten, unsere Gemeinschaft zu schützen. Einer der schlimmsten Tage in der Geschichte des FBI war der 11. April 1986, als es im County Miami-Dade zu einer Schießerei zwischen acht FBI-Agenten und zwei bewaffneten Serientätern kam, die mehrere Banken und Geldtransporter ausgeraubt und dabei binnen sieben Monaten mehrere Morde begangen hatten. Nachdem die Agenten den Wagen der Gangster gerammt hatten, um ihn aufzuhalten, wurden in einem Feuergefecht um die chaotisch ineinander verkeilten Autos insgesamt 145 Schüsse abgegeben. Die Agenten Jerry Doive und Benjamin Grogan wurden dabei getötet, fünf weitere Kollegen verwundet. Auch die beiden Verdächtigen, William Russell Matix und Michael Lee Platt, kamen dabei um. Die Agenten wurden mit Salven von Gewehrfeuer niedergehalten; Matix und Platt schossen auch noch weiter, als sie selbst verwundet waren, ebenso wie die Agenten.

Obwohl sie bereits getroffen waren, schossen die Beamten immer weiter auf die Täter. Sie feuerten erst ihre Dienstwaffen leer, griffen dann nach Ersatzwaffen und Munition. Einigen war so viel Blut in den Mechanismus der Pistolen gesickert, dass die Waffen nicht mehr schossen. Als Platt sich in Grigans und Doves' Wagen schob und ihn anlassen wollte, gelang es einem der Agenten, der bereits eine Schusswunde im Arm hatte und dessen Kollegen verletzt um ihn herum lagen, mit der unverletzten Hand sechs Schüsse einhändig aus seiner Magnum auf Platt und Matix abzugeben, während er direkt auf sie zumarschierte. Der vierte und fünfte dieser Schüsse traf Matix im Gesicht und stoppte ihn. Der Agent schaffte es bis an die Fahrertür, hielt die Waffe in den Wagen und schoss seine sechste und letzte Kugel auf Platt ab. Damit war der Kampf beendet. Der Heldenmut und die Tapferkeit, die an diesem Tag gezeigt wurden, sind innerhalb des FBI zur Legende geworden. Falls einer von uns mal in dem Gebäude in Miami zu tun hat, das nach den beiden benannt wurde, im Special Agent Benjamin P. Grigan and Jerry L. Dove Federal Building, halten wir kurz inne und gedenken der beiden.

Miami war nicht meine einzige Dienststelle, in der ein Gebäude nach einem im Dienst gefallenen Agenten benannt war. Der beste Job beim FBI ist natürlich der eines Agenten im Außeneinsatz, aber eine Dienststelle zu leiten ist fast genauso schön. Ich hatte die Ehre, die unglaublich begabten Männer und Frauen der Cleveland Division zu führen. FBI Cleveland war für den Norden Ohios zuständig, mit Außenstellen in »idyllischen« Städten wie etwa Akron oder Canton. Das beeindruckende Hauptgebäude in Cleveland direkt am Ufer des Eriesees trägt den Namen von Special Agent Johnnie L. Oliver, der 1979 in Cleveland erschossen wurde, als er Melvin Guyon jagte, einen flüchtigen Kindesentführer, Vergewaltiger und Räuber. Oliver und sechs Kollegen verfolgten seine Spur bis zu einer Wohnung, in der sie ihn vermuteten, und stellten ihn.

Johnnie stürmte mit einem anderen Agenten unter »FBI!«-Rufen durch die Eingangstür in die Wohnung. Guyon, der ein Kleinkind als Schild vor sich hielt, schoss sofort und tötete Oliver mit einer Kleinkaliberkugel, die sein Herz traf. Guyon, erst neunzehn, sprang anschließend in einem Geschosshagel durch ein geschlossenes Fenster und entkam zunächst. Er wurde auf die Liste der zehn meistgesuchten Verbrecher des FBI gesetzt und nach einem weiteren Schusswechsel mit

Agenten bald darauf in Youngstown gefasst. Oliver, der erst acht Dienstjahre hinter sich hatte, hinterließ eine Frau und drei Kinder. Sein Opfer
bedeutete mir bald mehr als nur die Gedenktafel in der Eingangshalle
unseres Gebäudes, das nach ihm benannt ist.

Etwas über dreißig Jahre, nachdem Oliver sein Leben gegeben hatte,
hatte sein Mörder, zu lebenslanger Haft verurteilt, einen der regelmäßigen Prüfungstermine für eine Aussetzung der Reststrafe auf Bewährung.
Der FBI-Director war bereit, sich in einem Brief gegen die vorzeitige
Entlassung Guyons auszusprechen, falls das angeraten sei. Ich bat den
Chefjustiziar unserer Abteilung, die alten Akten des Falls herauszusu-
chen und den Kontakt zu Olivers Witwe herzustellen. Ich studierte den
abgegriffenen Ordner, sah mir die Tatortfotos an, auf denen auch zu
sehen war, wie Agent Olivers lebloser Körper auf dem Fußboden lag,
seine Dienstschrotflinte neben ihm, und das Fenster, durch das Guyon
gesprungen war, und ich las den Untersuchungsbefund von Guyons
.32er-Revolver. Zeitungsausschnitte schilderten, wie die Leiche des
Agenten unter Beschimpfungen, Beifall und Jubelrufen der Anwohner,
die nur zu froh waren, einen Gesetzeshüter tot zu sehen, in den Kran-
kenwagen geschoben wurde.

Die Akte dokumentierte auch Guyons schwache Ausrede, er habe
nicht gewusst, wer die weißen Anzugträger gewesen seien, die ihn
überfielen, obwohl alle Nachbarn zugaben, sie hätten deutlich »FBI!«-
Rufe gehört. Später verlegte sich Guyon auf die etwas glaubwürdigere
Verteidigung, seine billige Pistole habe einen Defekt gehabt und
unabsichtlich den Schuss ausgelöst, der Agent Oliver ins Herz traf. In
den Labortests beim FBI hatte es sich allerdings als unmöglich erwiesen, dass sich die Waffe selbst auslöste. Außerdem gab es Zeugen, die
aussagten, Guyon habe vor ihnen eingeräumt: »Ich habe das FBI
erschossen.«

Ich sprach mit Olivers Witwe. Sie war besorgt über Guyons anstehende
Bewährungsprüfung und unterstützte dankbar jede Bemühung des FBI,
ihn im Gefängnis zu behalten, wo er hingehörte. Ich entwarf einen Brief
für Director Mueller, in dem er sich gegen eine Strafaussetzung Guyons

aussprach, aber damit war die Sache für mich nicht zu Ende. Die Bewährungskommission trat einige Wochen später zusammen, und das FBI konnte einen Vertreter schicken. Meine Sekretärin buchte einen Flug für mich nach Florida, und ich machte mich auf ins United States Penitentiary (USP) Coleman. Dieses Bundesgefängnis ist eine Hochsicherheitsstrafanstalt, in der Drogenkartellbosse, Terroristen und Spione einsitzen. Melvin Guyon war damals nicht der einzige Insasse, der einen FBI-Agenten auf dem Gewissen hatte. Auch Leonard Peltier, der 1975 bei einer Schießerei im Indianerreservat Pine Ridge die FBI-Agenten Ronals Williams und Jack Coler erschossen hatte, war hier in Haft. Ein Kollege vom örtlichen FBI, der sich auskannte, begleitete mich durch die massiven elektronischen Tore in die Strafanstalt.

Es war das erste und einzige Mal, dass ich bei einem Bewährungsprüfungstermin aussagte. Ich hatte mir einen großen Konferenzraum vorgestellt, einen langen Tisch mit den Kommissionsmitgliedern, und dass ich ihnen gegenübersitzen und mein Statement abgeben würde. Guyon würde wohl gar nicht dabei sein. Da irrte ich mich. Der Kollege von der örtlichen Dienststelle und ich gaben unsere Waffen ab und wurden in einen winzigen dreieckigen Raum geführt – er war wirklich nur so groß wie eine Abstellkammer –, in dem ein viel zu großer runder Besprechungstisch fast den gesamten Platz einnahm. Wir mussten die Luft anhalten, um uns auf fest montierte Plastiksitze zwischen Tischplatte und Wand quetschen zu können. Die Prüfungskommission bestand aus einer einzigen Beamtin, die sich mühsam die gegenüberliegende Wand entlangschob, um ihren Platz zu erreichen. Die kurze Begrüßung und Smalltalk brachen ab, als ein Wärter Guyon in den Raum führte.

Guyon war ein großer, kräftiger Kerl. Er starrte auf uns drei hinunter, bevor er sich setzte. Sein Sitz befand sich vor der einzigen Tür, wo zwischen Tisch und Wand etwas mehr Platz blieb. Der Wärter postierte sich draußen; immerhin hatte er den Häftling durch eine Glasscheibe im Blick. Der Bewährungsprüferin war trotzdem sichtlich unwohl zumute. Ich war auch nicht begeistert. Wir drei wurden vom Tisch gegen die Wand gedrückt, während Guyon sich frei bewegen konnte. Falls er gewalttätig wurde, saßen wir fest und mussten warten, bis der Wärter hereinkommen und ihn wegreißen würde.

Dreißig Jahre waren vergangen, seit Guyon Agent Oliver ermordet hatte; er hatte nicht mehr damit gerechnet, dass sich das FBI noch für den Fall interessierte. Ich würde nicht zulassen, dass er entlassen würde. Ich hatte weder Oliver gekannt, noch kannte ich seine Frau oder Kinder, aber jetzt sprach ich als sein und ihr Stellvertreter. Darüber hinaus sprach ich auch für das ganze FBI, in der Vergangenheit, Gegenwart und Zukunft. Nichts in Guyons Akte deutete auf Reue hin. Nirgends stand, dass er die lächerliche Ausrede aufgegeben hatte, er habe an jenem tragischen Tag die FBI-Agenten nicht als solche erkannt, oder den Unsinn, der Schuss habe sich von alleine aus der Waffe gelöst. Guyon hatte sogar ein oder zwei kürzliche Vergehen in Coleman auf dem Kerbholz. Es waren bloß kleine Regelverstöße, aber mir genügte das, um darauf hinzuweisen, dass er kein Mustergefangener war.

Ich war zuerst an der Reihe. Zunächst legte ich den unterschriebenen Brief des Directors vor und machte damit klar, dass ich hier nicht alleine war, sondern als Abgesandter des FBI-Chefs. Dann ging ich methodisch den Tag, an dem Guyon Johnnie Oliver ermordet hatte, in allen Einzelheiten durch. Ich hatte Grundrisse und Fotografien der Wohnung dabei, in der es passiert war, die Ergebnisse der ballistischen Tests, die Rekonstruktion der Schussbahnen. Ich hatte Zeugenaussagen, die belegten, dass Guyon bereits vorher wusste, dass das FBI ihm auf den Fersen war, sowie mehrere Beschreibungen seiner Flucht, Augenzeugenberichte, die bestätigten, dass er es war, der Oliver erschossen hatte, und dazu Aussagen zur zweiten Schießerei, als er endlich festgenommen worden war. Ich knallte grausige Tatortfotos mit Agent Olivers Leiche auf den Tisch, direkt vor die Frau von der Bewährungskommission und Guyon selbst. In dem kleinen ungelüfteten Raum fing Guyon zu schwitzen an. Er schüttelte den Kopf und stieß hervor: »Ich wusste nicht, dass wir diesen ganzen Fall wieder aufrollen würden, ich dachte, das sei eine Bewährungsprüfung.« Ich sah mich aber nicht nur als Zeuge bei einer Bewährungsanhörung. Ich war ein Bewahrer.

Nachdem ich dargelegt hatte, dass meiner Meinung nach nichts in Guyons Akten oder seinem Betragen im Gefängnis eine Entlassung auf Bewährung begründete, war Guyon dran. Obwohl er wegen Entführung in einem schweren Fall, Vergewaltigung und bewaffneten Raubes in Illinois und nach Bundesrecht wegen Mordes an einem FBI-Agenten verurteilt worden war, fand er es ungerecht, dass ich die Beweise für seine Taten noch einmal hatte ausbreiten dürfen. Nun stellte er sich als Mustergefangenen dar. Als die Frau von der Bewährungskommission ihn nach seinen kürzlichen Regelverstößen fragte, versuchte Guyon sie zu verharmlosen und sogar abzustreiten. In meinem Schlusswort ging ich, während der Gefangene mich böse anstarrte, darauf ein, wie er sich ständig als Opfer darstellte. Einige Wochen nach der Anhörung erfuhr ich, dass die Frau von der Bewährungskommission empfohlen hatte, Guyons Entlassung auf Bewährung abzulehnen. Mir ging es aber gar nicht um Guyon, sondern um Johnnie Oliver und die insgesamt 36 FBI-Agenten, die durch direkte Angriffe ihr Leben verloren hatten.

Das ist der Sinn einer Schutzgemeinschaft. Man setzt sich aktiv für eine Sache, ein Prinzip, einen Auftrag, einen Wert oder eine Institution ein, die größer als man selbst und die Kollegen sind. Man kämpft für etwas, das den Einsatz wert ist. Wenn meine Kollegen ihr Leben für unser Land geopfert haben, dann war es von mir nicht zu viel verlangt, das zu bewahren, was sie und unsere ganze Behörde repräsentieren. Das Wunderbare an einer Schutzgemeinschaft, in der jeder Verantwortung für etwas trägt, das seine eigene Bedeutung übersteigt, ist, dass sie zu hervorragenden Leistungen antreibt. Dieses Streben entstammt der einmaligen menschlichen Fähigkeit, über die Selbsterhaltung oder das Überleben der eigenen Horde hinauszuschauen und einer gemeinsamen Idee oder einem gemeinsamen höheren Wert nachzueifern. Ob Bäcker, die dafür sorgen, dass die Nachbarschaft etwas zum Frühstück hat, oder amerikanische Bürger, die sich bemühen, die Demokratie zu erhalten – wir bringen immer dann die beste Leistung, wenn wir für etwas verantwortlich sind, das über uns selbst hinausweist.

KLARHEIT (CLARITY)

Beim FBI gibt es sogenannte *bright lines*, »rote Linien«, die mehr als Richtlinien sind, es sind fast schon religiöse Gebote. Überschreitet man eine, kostet einen das den Job. Alle FBI-Mitarbeiter kennen diese Grenzen genau, weil sie klar und deutlich formuliert sind und durchgesetzt werden. Im Wörterbuch wird Klarheit als »Eigenschaft, klar und leicht verständlich zu sein« definiert. Klarheit ist ein wichtiger Bestandteil des FBI-Verhaltenskodex. Niemand kann überrascht tun, wenn er wegen Trunkenheit am Steuer ohne Bezahlung vom Dienst suspendiert oder entlassen wird. Das ist klar geregelt. Die wichtigste rote Linie im FBI ist allerdings die vor »mangelnder Offenheit unter Eid«.

Meine Dienstzeit beim FBI als Führungskraft hat mir gezeigt, dass Menschen, die sich selbst als besonders integer sehen und allgemein viel von sich halten, eher als andere, die sich nur eine durchschnittliche Integrität zuschreiben, dazu neigen zu lügen, um ihre Fehltritte nicht zugeben zu müssen. Solche ansonsten soliden Bürger, die vielleicht im Vorstand ihrer Kirchengemeinde sitzen, das goldene Pfadfinderabzeichen erworben haben und die Schulfußballmannschaft trainieren, bringen es einfach nicht über sich, zu akzeptieren, dass ihr Selbstbild nicht mit der Wirklichkeit übereinstimmt. Ihnen mangelt es so sehr an Klarheit zu sehen, wie ihr Verhalten mit ihrer Selbstwahrnehmung in Konflikt geraten ist, dass es an Leugnung grenzt. Führungskräfte und hohe Beamte sind vor dieser Falle keineswegs sicher, denn das Selbstwertgefühl nimmt oft mit dem Rang zu. Selbst US-Präsidenten können der Hybris verfallen. Meiner Erfahrung als Ermittler nach lügen die Leute nicht, weil die

Wahrheit ihrem Wesen widerspricht, sondern weil sie dem Bild widerspricht, das sie sich von ihrem Wesen machen.

Interessanterweise waren die ehrlichsten der FBI-Leute, gegen die ich disziplinarisch ermitteln musste, oft diejenigen, die ich selbst als nur durchschnittlich integer einschätzte. Sie hatten zwar gegen die Regeln verstoßen, besaßen aber die moralische Integrität, um sich selbst einzugestehen, dass sie einen Fehler gemacht hatten. Und sie waren bereit, dafür geradezustehen. Ihr Selbstbild und ihre Sorgen, was die anderen von ihnen hielten, waren für sie kein Hindernis, ihre Missetaten einzugestehen und die Strafe zu akzeptieren.

Ein FBI-Mitarbeiter, der unter Eid die Unwahrheit sagt, ist für die Organisation so gut wie wertlos, sei es bei einer internen Ermittlung, weil aus dem Pausenraum Schokoriegel verschwinden oder im Zeugenstand bei einem Strafprozess. Die Grenzlinie, wo Wahrheit aufhört und Unehrlichkeit anfängt, wird durch Urteile von Bundesgerichten begründet, die als Präzedenzfälle dienen. Die beiden wichtigsten sind *Giglio gegen die Vereinigten Staaten* und *Vereinigte Staaten gegen Henthorn*. Deshalb heißt es unter Agenten und Staatsanwälten, erwiesenermaßen unehrliche Polizisten hätten ein »Giglio-Henthorn-Problem«.

Im Fall *Giglio*, der 1972 verhandelt wurde, entschied der Oberste Gerichtshof, dass der Staatsanwalt den Geschworenen und dem Verteidiger des Angeklagten alle Informationen enthüllen muss, die geeignet sind, den Charakter oder die Aussage eines Belastungszeugen infrage zu stellen, auch wenn es sich bei dem Zeugen um einen Polizeibeamten handelt. Bei diesen Informationen handelt es sich nicht nur um bisherige Vorstrafen des Zeugen der Anklage, sondern auch Dienstvergehen und kleinere Verstöße müssen öffentlich gemacht werden. Im Fall *Henthorn* urteilte das Gericht im Hinblick auf mögliche Zweifel an der Glaubwürdigkeit der Zeugen. Die Behörden seien verpflichtet, auf Verlangen des Angeklagten die Personalakten aller Zeugen, die sie aufrufen wollen, auf Einträge zu untersuchen, die der Verteidigung mitgeteilt werden müssen. Es geht dabei immer darum, ob der betreffende Agent vertrauenswürdig ist. Wenn zum Beispiel eine FBI-Agentin schon einmal mit einer gefälschten Quittung höhere Reisespesen erschlichen hat, muss diese kleine Schwindelei möglicherweise enthüllt werden, falls sie je vor Gericht aussagt.

Das FBI geht noch weiter, als diese Präzedenzfälle vorschreiben. Es verlangt von jedem Mitarbeiter, der möglicherweise einen Verstoß in seiner Personalakte hat, diesen dem Staatsanwalt, mit dem er zusammenarbeitet, unaufgefordert mitzuteilen. FBI-Agenten werden im Lauf ihrer Dienstzeit öfters versetzt, sodass ihre jeweilige Dienststelle und die zuständige Staatsanwaltschaft oft kaum wissen können, was sie sich in anderen Büros zuschulden kommen lassen haben. Während meiner Dienstzeit konnten die Staatsanwälte die Personalakte jedes FBI-Mitarbeiters anfordern und taten es auch manchmal. Das FBI verlangte jedoch von sich aus schon von den Agenten, dem Staatsanwalt alle etwaigen Dienst- und sonstigen Vergehen zu beichten, sowie es danach aussah, dass es sie als Zeugen benennen wollte. Dieses Beispiel für Verantwortungsbewusstsein, das so weit geht, dass man sich selbst die rote Karte zeigen muss, ist ein weiterer Bestandteil des FBI-Verhaltenskodex.

Die Urteile in den Fällen *Giglio* und *Henthorn* besiegeln das Schicksal jedes Agenten, dem nachgewiesen wird, die Wahrheit nicht nur geschönt, sondern unter Eid gelogen zu haben. Wenn der betreffende Agent potenziell Zeuge in einem Strafprozess ist, müsste der Staatsanwalt die Personalakte dieses Agenten der Verteidigung zugänglich machen, und die Verteidigung könnte den Agenten als Zeugen wegen Unehrlichkeit ablehnen, die Geschworenen könnten ihm nichts glauben, die Staatsanwaltschaft verlöre womöglich den Fall, und einer von den bösen Jungs käme wieder auf freien Fuß. Agenten werden übrigens nicht nur vor Gericht vereidigt, sondern auch bei internen Ermittlungen des FBI. Damit kommen wir zum Fall des jungen Agenten in einer der größten FBI-Dienststellen, der die klare rote Linie überschritten hatte.

Den Anlass der Ermittlungen beschrieb das zuständige Bundesberufungsgericht (ja, der Agent ging mit seinem Fall bis zur höchstmöglichen Instanz) wie folgt: »Während einer Fahrt mit seinem nicht als Polizeifahrzeug gekennzeichneten Dienstwagen hielt der Agent einen anderen Fahrer an, dessen Auto er für gestohlen hielt.« Abgesehen davon, dass FBI-Agenten gewöhnlich nicht wie Streifenpolizisten mutmaßlich gestohlene Fahrzeuge an den Straßenrand winken, gab es ein weiteres Problem: »Der Agent hatte dabei einen nicht genehmigten Beifahrer im Wagen, seine Tochter, die er auf dem Heimweg von der Kindertagesstätte abgeholt hatte, weil seine Frau (die das Mädchen gewöhnlich abholte) ihn darum gebeten hatte, da sie aufgrund eines beruflichen Problems länger arbeiten musste. Der angehaltene Autofahrer war wütend auf den Agenten und beschwerte sich bei dessen Vorgesetzten.«

FBI-Agenten bekommen Dienstwagen, damit sie ihre Arbeit erledigen können und jederzeit einsatzbereit sind, und nicht, um ihre Sprösslinge aus der Kita abzuholen. Stellen Sie sich vor, der Agent wäre mit seiner kleinen Tochter auf dem Rücksitz in eine gewalttätige Auseinandersetzung oder eine Verfolgungsjagd geraten! Zweckentfremdung des Dienstwagens und die Beförderung nicht genehmigter Beifahrer ziehen daher jeweils eine einmonatige Suspendierung ohne Bezahlung nach sich.

Der Supervisor – der unmittelbare Vorgesetzte des Agenten – handelte richtig, indem er auf dem Dienstweg die Leitung der Dienststelle informierte. Es kommt beim FBI nur sehr selten vor, dass Anschuldigungen vertuscht und Verstöße unter den Teppich gekehrt werden. Das OPR stellte zwei seiner Disziplinaragenten dafür ab, die Beschwerde des betroffenen Bürgers zu untersuchen und den Agenten zu befragen. Im Protokoll seiner eidesstattlichen Aussage, das er unterschrieb, steht: »Das war nicht das erste Mal, dass ich meine Tochter mit dem Dienstwagen abholte. Diese Notlösung habe ich auch im Dezember 1997 und im Januar 1998 jeweils einmal gewählt. Außer bei diesen drei Gelegenheiten habe ich aber niemals einen ungenehmigten Beifahrer im Dienstwagen mitgenommen.«

Es gab mit dieser Aussage ein Problem – sie widersprach den Belegen. In diesem Fall waren das die Liste der Kindertagesstätte, die verzeichnete, wer an welchem Tag die Tochter abgeholt hatte, sowie elektronische Daten von Straßenmautstellen, die zeigten, wann der fragliche Dienstwagen zur Kindertagesstätte gefahren war. Die kombinierten Daten ergaben, dass der Agent seinen Dienstwagen mindestens vierzehnmal, und möglicherweise noch sehr viel öfter, genutzt hatte, um seine Tochter abzuholen. Meine Untersuchungskollegen lasen sich den Bericht der Ermittler durch und bewerteten die angesammelten Verstöße: Der Agent hatte regelwidrig einen Autofahrer angehalten, seine Tochter im Dienstwagen mitgenommen, falsche Angaben über seine Arbeitszeiten gemacht (das stellte sich heraus, als wir die Uhrzeiten, zu denen er seine Tochter abgeholt hatte, mit denen der Abmeldung im Büro verglichen) und schließlich unter Eid relevante Tatsachen verschwiegen. Meine Dienststelle empfahl daher seine Entlassung aus dem FBI.

Der junge Agent wurde daraufhin zu einer Berühmtheit in seiner Dienststelle. Seine Kollegen starteten eine Welle von Eingaben zu seinen Gunsten, wie ich sie noch nicht erlebt hatte. Meiner Erfahrung nach kennen jedoch die Bürgen für den guten Charakter eines Beschuldigten oft die Fakten eines Falls nicht – erstens, weil das OPR sie vertraulich behandelt, zweitens, weil sie dem Beschuldigten zu peinlich sind, als dass er sie den Kollegen erzählte. Die anderen Agenten seiner Dienststelle hörten nur, dass einem netten Kerl, mit dem sie zusammenarbeiteten, die Entlassung drohte. Trotzdem war es beeindruckend, wie viel Unterstützung der Betreffende von seinen Kollegen bekam. Die Briefe, die auf meinem Schreibtisch in der Zentrale einliefen, waren voll des Lobes für einen der besten, engagiertesten und respektvollsten Familienväter und Kriegsveteranen, den seine Kollegen je kennengelernt hatten.

Ich ging die Beweise wieder und wieder durch, bis ich sie auswendig kannte. Ich grübelte über die Aussage des Agenten nach. Ich konnte einfach nicht glauben, dass ein FBI-Agent so dumm sein würde, seine gerade erst begonnene Karriere zu torpedieren, indem er nicht damit herausrückte, wie oft er seine kleine Tochter mit dem Dienstwagen abgeholt hatte. Für die Schwere der Disziplinarstrafe war es egal, ob er das dreimal oder vierzehnmal getan hatte – in beiden Fällen drohten ihm zwei bis drei Monate Suspendierung vom Dienst. Ich war besorgt, dass der Agent nicht alle Belege kannte, die meine Ermittler gegen ihn gefunden hatten, oder sie nicht richtig verstanden hatte. Ich wollte einen Agenten, den seine Kollegen schätzten, noch dazu einen Vetera-nen, nicht feuern, weil er sich über die Beschuldigungen unklar war. Andererseits wollte ich aber auch nicht das FBI die nächsten zwanzig Jahre lang mit einem möglicherweise betrügerischen Mitarbeiter belas-ten. Ich entschloss mich schließlich zu einem für mich einmaligen Schritt: Ich rief den Leiter der Dienststelle an, in der der Mann einge-setzt war, informierte ihn, dass dem Betroffenen die Entlassung aus dem Dienst drohte, und dass er ihn zu mir in die Zentrale schicken solle, weil ich selbst mit ihm sprechen wolle.

Der Agent machte sich also zum Termin bei mir in die Zentrale auf. Mit spiegelblank polierten Schuhen, einem guten Anzug und frisch geschorenen Haaren meldete er sich am gesicherten Eingang zum OPR. Ich brachte ihn in einen Konferenzraum, wo wir ungestört miteinander sprechen konnten. Ich vereidigte ihn und sagte ihm dann offen, dass ich noch nie zuvor einen Agenten, gegen den ich ermitteln musste, zu einem persönlichen Gespräch mit mir, dem obersten Schiedsmann, gebeten hatte, weil die Untersuchung Aufgabe der Ermittler sei. Das FBI trennt die Ermittlungen in Disziplinarsachen von der Entscheidung über die Schuldfrage und der Strafbemessung, weil ansonsten der »Ankläger« auch der »Richter« wäre und sich während einer möglicherweise langen und kontroversen Ermittlung womöglich schon ein Urteil gebildet hätte. Auch nur ansatzweise Voreingenommenheit zu vermeiden, ist ein entscheidender Baustein des FBI-Verhaltenskodex. Aber bei diesem Agenten wollte ich absolut sicher sein, dass er genau verstand, was vor-ging. Ich wollte diese Sache so eindeutig machen, wie es das FBI getan hatte, als es das Verschweigen relevanter Fakten unter Eid zu einem Entlassungsgrund machte.

Ich erklärte dem Mann, wie schwerwiegend die Anschuldigungen gegen ihn seien, und sagte ihm, dass die Beweise gegen ihn für seine Entlassung aus dem Dienst ausreichten. Es wäre doch eine Schande, meinte ich, wenn seine Karriere durch eine Lüge darüber ruiniert würde, wie oft er den Dienstwagen zweckentfremdet hatte. Ich legte ihm sämt-liche Beweise dafür vor, auch die Listen der Kindertagesstätte und die elektronischen Daten der Mautstellen. Daraufhin gab er eine zweite

Aussage unter Eid zu Protokoll, in der er weitere missbräuchliche Fahrten mit dem Dienstwagen einräumte, die er bei seiner ersten Aussage bewusst verschwiegen habe, »um mir nicht noch mehr Schwierigkeiten einzuhandeln«. Damit gab er zu, dass er in der ersten Aussage unter Eid relevante Fakten nicht erwähnt hatte, und mir blieb keine Wahl, als seine Entlassung zu empfehlen. Er hatte die wichtigste rote Linie des FBI übertreten.

Als ehemaligem aktiven Soldaten stand dem Agenten jedoch noch ein weiterer Rechtsweg offen, auf den die meisten Veteranen, die bei der US-Regierung arbeiten, Anrecht haben: Das Merit Systems Protection Board (MSPB) ist ein Ausschuss, der über die Wahrung der Rechte dieser Veteranen wacht. Das MSPB hat den Ruf, sich in Disziplinarsachen gewöhnlich auf die Seite des Veteranen zu stellen, der es anruft, und der Verwaltungsrichter, der den Fall übernahm, tat das auch. Ich sagte als Zeuge im Verfahren aus und legte das Konzept der »bright lines« des FBI dar, und dass eidliches Verschweigen relevanter Fakten dazugehöre. Der Richter wandte sich direkt an mich, als ich im Zeugenstand saß, und sagte: »Richten Sie [FBI-Director] Louis Freeh aus, dass seine rote Linie zu streng ist.« Nach der Anhörung erfuhren wir, dass er die Entlassung des Agenten aufgehoben hatte.

Jetzt ging es für die Anwälte des FBI um mehr als nur den Fall dieses einzelnen Agenten, nämlich um die Führungsmaßstäbe des FBI im Großen und Ganzen. Das Office of General Counsel des FBI, der oberste Justiziar der Behörde, legte Berufung beim Hauptausschuss des MSPB ein. Dieses Gremium hob zwar die Entscheidung des Verwaltungsrichters wieder auf und bestätigte die Schuldzuweisung, milderte aber die Strafe von Entlassung aus dem Dienst in eine viermonatige Suspendierung. Anstatt dass der Verurteilte nun froh gewesen wäre, seinen Arbeitsplatz zu behalten, ging er, weil der Rechtsweg der Verwaltungsgerichtsbarkeit damit ausgeschöpft war, vor ein ordentliches Gericht des Bundes und legte dort Berufung ein. Das FBI beharrte indes auf seinen Maßstäben und wollte sie nicht infrage stellen lassen.

Am 28. Januar 2002 befand der U.S. Court of Appeals, Federal Circuit, dass »substanzielle Beweise in den Akten die Schlussfolgerung des

FBI stützen, dass [der Agent] in seiner Aussage vom 6. April nicht alles enthüllte, was er wusste. Außerdem«, so das Urteil, »handelt es sich in diesem Fall nicht um eine bloße kleinere Abweichung der Fakten von den Behauptungen in der Aussage. Der beträchtliche Unterschied zwischen drei zunächst eingeräumten Verfehlungen und den zwölf bis 14 einen Monat später eingeräumten zeigt, dass er gewusst haben muss, es habe sich um bedeutend mehr als drei Fälle gehandelt.« Das Gericht bestätigte das Verwaltungsgerichtsurteil, das auf »Verschweigen relevanter Fakten unter Eid« erkannt hatte, und das Strafmaß des MSPB von 120 Tagen Suspendierung vom Dienst. Wichtiger noch, das Bundesberufungsgericht bestätigte auch das Recht des FBI auf Disziplinarmaßnahmen gegen Mitarbeiter, die lügen, gleichgültig, worüber sie die Unwahrheit sagen.

Warum ist diese Geschichte erzählenswert? Sie wundern sich vielleicht, dass die Anwälte des FBI eine Disziplinarstrafe gegen einen Mitarbeiter, der bloß seine Tochter aus der Kita abgeholt hatte, bis zum Bundesberufungsgericht verteidigen. Das taten sie, weil es hier um viel mehr als den Einzelfall ging, nämlich um einen Angriff auf die Wertmaßstäbe des FBI und auf die Befugnis, seinen Verhaltenskodex durchzusetzen. Der Fall zeigt, wie wichtig die Behörde das Vertrauen nimmt, das die amerikanische Öffentlichkeit in sie setzt. Firmen und Institutionen, deren wichtigste Maßstäbe infrage gestellt werden, retten sich nur zu oft in eine Kosten-Nutzen-Analyse, um zu entscheiden, ob es den Aufwand lohnt, den fraglichen Grundwert zu verteidigen. Diese Organisationen sehen nicht, dass ein Maßstab, den es sich zu definieren lohnt, auch die Mühe lohnt, ihn zu verteidigen. Vielleicht erreichen sie deshalb nie wirkliche Klarheit, wenn sie ihre Maßstäbe definieren. Man muss von Anfang an eindeutig sagen, was einem am wichtigsten ist, nicht erst, wenn es infrage gestellt wird.

Klarheit geht schnell verloren, wenn das Chaos herrscht. FBI-Agenten werden ständig mit Chaos konfrontiert, das bringt ihr Arbeitsgebiet mit sich. An einem guten Tag trägt man wenigstens nicht selbst zum Chaos bei, das um einen herum tobt. An einem sehr guten Tag gelingt es einem, das Chaos ein wenig zu klären und das Durcheinander ansatzweise zu verstehen. Es ist definitiv möglich und sogar wünschenswert, dass man aus sich selbst heraus zur Klarheit gelangt, aber oft geschieht das durch einen äußeren Anlass, der einem sozusagen die Wahrheit ins Gesicht schlägt und einen dazu zwingt, sich auf das Wichtigste zu konzentrieren. FBI-Agenten sind oft selbst ein solcher Anlass, der andere Menschen mit der Wahrheit konfrontiert – mitunter mit vorgehaltener Waffe.

Die Nation of Yahweh ist eine Abspaltung der amerikanischen Black Hebrew Israelites, einer Sekte, der Schwarze angehören. Die Yahweh-Bewegung entstand um 1979 in Miami. Ihr Gründer Hulon Mitchell Jr. behauptete, Gott und die biblischen Propheten seien sämtlich Schwarze, und die Schwarzen in den USA Nachfahren der Israeliten. Mitchell legte sich den Namen Yahweh ben Yahweh (»Gott, der Sohn Gottes«) zu und verlangte von seinen Anhängern bedingungslosen Gehorsam. Natürlich, er war ja auch Gottes Sohn. Die Nation of Yahweh zählte bald Tausende Anhänger, die glaubten, Mitchell lehre sie ihre wahre Geschichte. Juden und andere Weiße wurden von ihnen als Ungläubige und Unterdrücker betrachtet. Mitchell und seine Anhänger engagierten sich in den Slums einiger Städte als Sozialarbeiter und gewannen damit hohes Ansehen in einigen Gemeinden. Der Bürgermeister von Miami rief sogar einen Yahweh-ben-Yahweh-Ehrentag aus, der am 7. Oktober 1990 offiziell begangen wurde. Das war allerdings, bevor die Anklagen vor Bundesgerichten eingereicht wurden und Klarheit geschaffen wurde.

Ein Grund dafür, warum die Yahweh-Anhänger in den verbrechens-geplagten Slumgegenden so erfolgreich für Ordnung sorgten, war nämlich, dass sie Menschen umbrachten, darunter auch Obdachlose. Ende 1990 wurden Mitchell und 16 seiner Anhänger nach dem Racketeer-Influenced and Corrupt Organizations Act (RICO Act) angeklagt, einem Gesetz gegen Gewalttaten durch das organisierte Verbrechen. Die Anklageschrift zählte 18 Fälle von organisierter Gewalttätigkeit (*racketeering*) auf, darunter 14 Morde, zwei versuchte Morde, Brandstiftung und gewaltsame Erpressung. Die Morde waren besonders grausam – die

Opfer waren geköpft, erstochen, erschossen und verstümmelt worden. Brandstiftung hieß hier, dass Molotowcocktails in die Häuser der schlafenden Opfer geworfen wurden und Mitchell seine maskierten »Todesengel« mit Macheten vor den brennenden Häusern warten ließ, damit niemand den Flammen entkam. Bei Aufnahmeritualen neuer Mitglieder forderte Mitchell sie auf, »einen weißen Teufel zu töten und mir sein Ohr zu bringen«. Ein Richter am Bundesberufungsgericht schrieb: »Dieser Fall ist zweifellos der gewalttätigste, der je vor einem Bundesgericht verhandelt wurde.«

Als die Grand Jury in Miami eine förmliche Anklageerhebung vorbereitete, begannen mehrere FBI-Dienststellen parallele Razzien zu planen, um die Angeklagten dingfest zu machen. Das war ziemlich riskant; alle Angehörigen der Yahweh-Sekte hatten ihrem Führer absolute Treue geschworen, und einige hatten schon gezeigt, dass sie für ihn auch töteten. Solche Personen lassen sich nicht so einfach festnehmen. Mitchell residierte in einem gesicherten Gebäudekomplex in Miami. Um dieses Sektenhauptquartier sollte sich das FBI-Team für Geiselrettungen kümmern, das eingeflogen werden sollte. Doch Mitchell hatte noch eine weitere Zentrale in New Orleans, wo er sich auch oft aufhielt. Ich war damals noch in Atlanta stationiert, und wir hatten erfahren, dass die Yahweh-Organisation dort ein leer stehendes Hotel angekauft hatte. Weil es um organisierte Gewalttätigkeit ging, die religiös begründet wurde, behandelte das FBI die Yahwehs als inländische Terroristen (domestic terrorists, DOMTERR). In Atlanta gehörte DOMTERR zur Zuständigkeit meiner Gruppe.

In den Tagen vor den geplanten Razzien begannen wir das alte Hotel unauffällig zu überwachen. Es war unklar, ob die Yahweh-Anhänger das Gebäude renovieren und wieder als Hotel betreiben oder es als weitere Sektenzentrale nutzen wollten. Wir mussten wissen, wie viele Sektenmitglieder sich dort aufhielten, ob darunter auch Personen auf der Anklageliste waren, und ob womöglich Mitchell selbst unsere schöne Stadt beehrte. Wir hatten ernst zu nehmende Hinweise, dass seine Frau Linda Gaines, die in der Sekte Judith Israel hieß (alle Yahwehs führten den Nachnamen Israel), sich in dem Gebäude befand – sie stand auf der

Anklageliste. Wir wussten, dass sie sich, wie die meisten Mitglieder, in der Öffentlichkeit immer in einer weißen Robe zeigte, dass sie Leibwächter bei sich hatte und in einem weißen Lincoln Continental herumchauffiert wurde. Nur wussten wir nicht, wo sich in Yahwehs Namen diese Judith jetzt gerade aufhielt.

Unser Überwachungsteam stellte fest, dass sich tagsüber niemand aus dem Hotel rührte, also legten wir eine Nachtschicht ein. Das war die richtige Taktik. Unsere Einheit arbeitete dabei mit den auf Überwachung spezialisierten Agenten der Dienststelle zusammen, um genügend Leute für diese Erweiterung der Ermittlungen zu haben. Jede Nacht, so stellte sich heraus, kamen ein paar junge schwarze Männer aus dem Hotel und kauften Lebensmittel. Die Mengen, die sie erwarben, hätten sie nicht alleine verbrauchen können, also waren im Hotel offensichtlich weitere Esser. Wir entdeckten Licht in verschiedenen Fenstern mehrerer Stockwerke, konnten aber nicht erkennen, wie viele der Räume tatsächlich bewohnt waren. Von Judith, dem weißen Lincoln oder den Leibwächtern keine Spur. Wir mussten uns etwas ausdenken. Die städtische Feuerwehr half uns weiter. Der zuständige Fire Marshall war bereit, seine Inspektoren in das Gebäude zu schicken, die eine Brandschutzbegehung durchführen sollten, um die Bewohnbarkeit zu überprüfen. Einer der Inspektoren war ein verkleideter FBI-Agent. Mit dieser Kriegslist stellten wir fest, dass es mindestens sechs Bewohner gab, aber diese Judith entdeckten wir nicht.

Eine nächtliche Observation in einer Metropole ist immer interessant. Man bekommt alles Mögliche mit, wenn die Leute nicht wissen, dass sie beobachtet werden, und in Atlanta war es nicht anders. Richtig spannend wurde es allerdings, als mehrere Yahwehs eines Nachts anfingen, die Straßen der Umgebung abzugehen, als suchten sie uns. Als sie keine Beamten entdeckten, kehrten sie in das Hotel zurück. In der folgenden Nacht wurden sie kühner. Wir glaubten, sie hätten einige unserer Wagen entdeckt, denn sie gingen demonstrativ dicht an den geparkten Autos vorbei. In der dritten Nacht hatte einer der Männer einen Fotoapparat dabei. Tatsächlich entdeckten sie eines unserer Autos und fotografierten den Fahrer.

Nun sind unsere Überwachungsagenten darauf angewiesen, verdeckt ermitteln zu können. Sie mögen es gar nicht, wenn einer der bösen Jungs einen Schnappschuss von ihnen macht. Es könnte sogar passieren – rein hypothetisch gesprochen –, dass der Beamte hinter dem Betreffenden her rennt, um ihm die Kamera zu entreißen. In einer dunklen Straße mitten in der Nacht wäre das durchaus möglich – theoretisch. Jedenfalls deuteten wir die erhöhte Wachsamkeit der Yahwehs so, dass sich im Hotel eine wichtige Person befand. Vielleicht war es Judith. Vielleicht war uns ihre Ankunft entgangen. Wir wussten es immer noch nicht.

Am 7. November 1990 schlug das FBI zu. Die Grand Jury hatte Anklage erhoben. Um 6 Uhr morgens erfolgte in Miami, New Orleans, Atlanta und mehreren anderen Städten der Zugriff. Mit kugelsicherer Weste und unseren blaugelben Einsatzjacken betraten wir die Eingangshalle des Hotels. Zwei Sektenmitglieder hielten Wache, ein Mann sprang auf und streckte die Hand in Richtung einer Schreibtischschublade aus, überlegte es sich aber anders, als ihm klar wurde, dass er kurz davor war, erschossen zu werden. Wir erklärten, dass wir Haftbefehle hätten und alle Bewohner des Gebäudes kontrollieren wollten. Auf die Frage, welche Zimmer bewohnt seien, gaben uns die zwei verängstigten Posten die Zimmernummern. Eine Handvoll schlaftrunkene und verwirrte Sektenmitglieder wurde in die Eingangshalle heruntergebracht. Unsere Leute gingen ein Stockwerk nach dem anderen durch, öffneten alle Türen und durchsuchten alle Zimmer. Betten gab es keine, nur Matratzen, Schlafsäcke und Feldbetten. Es war ein Wohnheim für die Mitglieder der Mördersekte. Judith war nicht da. Alle Aufgegriffenen verweigerten die Aussage. Dann bekamen wir einen Anruf.

Eine andere Dienststelle war bei ihrer Razzia auf eine Adresse Judiths gestoßen. Es handelte sich definitiv nicht um unser Hotel, sondern um einen Komplex mit luxuriösen Eigentumswohnungen in einem Reichenviertel. Unser Einsatzleiter zeigte auf meinen Partner und mich und sagte uns, wir sollten uns beeilen, bevor jemand Judiths Leibwächter vorwarnte. Während wir im Slalom durch den morgendlichen Berufsverkehr Atlantas rasten, machten wir uns klar, wie sinnlos es gewesen war, Judith in diesem heruntergekommenen Hotel zu suchen. Der Sohn Gottes brachte seine Göttergattin natürlich nicht in so einer Bruchbude unter, sondern standesgemäß in gehobener Umgebung. Endlich hatten wir Klarheit.

Wir bogen in die Einfahrt des Wohnungskomplexes ein und sprangen aus dem Dienstwagen. Der Eingang der Empfangshalle war abgeschlossen. Das automatische Rolltor der Tiefgarage war zu. Wir funkten die Zentrale an, gaben die Adresse durch und baten, die Hausverwaltung zu informieren. Da rollte das Garagentor auf, und ein armer Kerl, der auf dem Weg zur Arbeit war, erschrak furchtbar, als er sich plötzlich zwei kampfbereiten FBI-Agenten gegenübersah.

Wir sprangen in unseren Dienstwagen, gaben Gas und drängelten uns hinter dem ausfahrenden Auto in die Tiefgarage, bevor das Tor sich wieder schloss. Unser Wagen passte gerade eben in die Durchfahrt, und kein anderes Auto würde an uns vorbeikommen, vor allem wenn es so ein Kreuzer war wie ein Lincoln – zum Beispiel der weiße Lincoln, der gerade mit quietschenden Reifen durch die Tiefgarage raste.

Wir sprangen wieder aus dem Wagen und stellten uns dem nagelneuen Kombi, der mit voller Geschwindigkeit auf uns zuhielt, direkt in den Weg. Es gab für beide Seiten keinen Platz zum Ausweichen. Mein Partner zielte mit seiner Schrotflinte auf den Fahrer, ich zog meinen .357-er Revolver und legte auf den Leibwächter auf dem Beifahrersitz an. Judith saß auf der Rückbank, ganz in Weiß, wie auch ihre Bodyguards. Der Fahrer wollte nicht anhalten. Sie waren nahe genug, dass ich sehen konnte, dass Judith etwas sagte. Gerade noch rechtzeitig trat der Fahrer auf die Bremse und hielt an, mit dem Kühlergrill ein paar Zentimeter vor unseren Beinen. Wir brüllten ihnen den Befehl zum Aussteigen zu, legten Judith Handschellen an und setzten sie auf den Rücksitz unseres Dienstwagens. Ich fragte sie, ob sie Linda Gaines sei; sie antwortete, ihr Name sei Judith Israel. Das genügte mir.

Linda Gaines wurde in Fort Lauderdale als stellvertretende Rädelsführerin der Yahweh-Sekte angeklagt. Gaines verweigerte jede Zusammenarbeit mit der Justiz, selbst dann noch, als sie Aussagen hörte, dass Mitchell ihre damals zehnjährige Tochter Woche für Woche missbraucht hatte, bis das Mädchen mit 15 der Sekte entkam. Linda Gaines wurde wegen organisierter räuberischer Erpressung zu 16 Jahren Haft in einem Bundesgefängnis verurteilt. Hulon Mitchell alias Yahweh ben Yahweh bekam eine Haftstrafe von 18 Jahren wegen Verschwörung zu gemeinschaftlichem Mord. Die Zerschlagung der Yahweh-Sekte durch das FBI und die Verurteilung ihrer kriminellen Mitglieder brachte deren Anhängern Klarheit. Die verworrenen Märchen im Rahmen des Glaubens dieser Sekte wurden damit aufgedeckt.

Oft fällt dem FBI die Rolle zu, durch Ermittlungen, Festnahmen und Anklagen die betreffende Gemeinschaft mit einem Weckruf daran zu erinnern, was Recht und was Unrecht ist. Es ist allerdings kein idealer Zustand, wenn die Polizei benötigt wird, um den Menschen diese Klarheit zu bringen. Ideal wäre es, wenn sich engagierte Bürger, Schulen, Vereine, Kirchen, wohltätige Stiftungen, Medien und Firmen bemühten, Klarheit zu schaffen, wenn eine Verhaltensweise unsere Werte untergräbt.

Ein Grund dafür, warum das FBI bei Ermittlungen draußen auf der Straße so erfolgreich ist, besteht darin, dass es auch intern für Klarheit sorgt. Fast alle FBI-Mitarbeiter können einem zum Beispiel die Prioritäten der Behörde bei Ermittlungen auswendig aufsagen. Ein klares Bewusstsein für die Prioritäten ist nicht bloß eine Ausrede für Erbsenzähler. In welcher Branche auch immer Sie arbeiten – mit Bedacht und Umsicht festgelegte Prioritäten bieten Halt und geben eine Handlungsanleitung in unübersichtlichen Situationen. Erfolg – oder auch Erfolglosigkeit – wird beim FBI sorgfältig gemessen, und zwar nach qualitativen Maßstäben, nicht bloß nach der Anzahl der Festnahmen, sondern nach der Auswirkung auf eine Gemeinde, Region oder US-weit. Zu definieren und dann zu messen, worauf es ankommt, schafft bei den FBI-Mitarbeitern kollektive Klarheit. Dieser Ansatz funktioniert auch im Privatleben, bei einer Sportmannschaft, in einem Großkonzern und sogar in der nationalen Politik.

Am 11. September 2001 suchte das FBI – wie die ganze USA – in heillosem Chaos nach Klarheit. Wenige Wochen vor den Angriffen hatte ich in Quantico an einem Seminar für Führungskräfte teilgenommen. Dort kamen Einsatz- und Dienststellenleiter aus den ganzen USA zusammen, die aufgrund ihrer verschiedenen Verantwortlichkeiten einander nie begegnet wären. Ungefähr ein Dutzend von uns verbrachte eine Woche damit, sich Klarheit über die neuesten Verfahren, Vorschriften und Gesetzesänderungen zu verschaffen, die wir kennen mussten, um unsere Arbeit gut machen zu können. Diese Seminare hatten gewöhnlich einen Schwerpunkt, der auf die aktuelle Sicherheitslage Bezug nahm. Dieses Seminar hatte wie jedes andere, das um diese Zeit stattfand, eine klare Botschaft: Wir stehen kurz vor einem Angriff.

Die Teilnehmer unseres Kurses bekamen von hochrangigen Referenten verschiedener Polizei- und Geheimdienstbehörden eine Erkenntnis vermittelt, die wir selbst schon bei unseren Ermittlungen gehört hatten: Etwas Schreckliches stand unmittelbar bevor. Was auch immer es war, es würde ein sehr schwerer und brutaler Anschlag sein. Es wurden Gespräche zwischen bekannten Al-Kaida-Bossen und ihren Anhängern abgehört, sie enthielten aufgeregte Anspielungen auf Vorbereitungen zu einem großen Terroranschlag.

Bei einem festlichen Abendessen während des Seminars hielt Cofer Black einen Vortrag. Joseph Cofer Black war der damalige Leiter des Terrorabwehrzentrums der CIA und später Sonderbotschafter und Terrorabwehrkoordinator unter Präsident George W. Bush. Black war verantwortlich für die Strategie der CIA gegen Osama bin Laden und Al Kaida. Festredner bei einem Dinner sollen ja mit ihrer Ansprache eigentlich die Gäste unterhalten und amüsieren; in dieser Hinsicht war Blacks Rede ein Fehlschlag. Wir saßen mit versteinerten Gesichtern da, Messer und Gabel lagen unbeachtet neben halb gegessenen Steaks.

Als Black die Anhaltspunkte für einen bevorstehenden Terroranschlag ernüchternd zusammengefasst hatte, bombardierte ihn ein Saal mit gestandenen FBI-Recken mit Fragen:

Könnte das ein Irrtum sein? (Nein, wohl kaum.)

Ist sicher, dass sich der Anschlag gegen die USA richtet? (Ja.)

Könnte es nicht auch ein Anschlag auf US-Einrichtungen im Ausland sein? (Wahrscheinlich nicht.)

Sind die Täter bereits im Land? (Könnte sein.)

Wie wird der Anschlag konkret aussehen? (Wir wissen nur, dass er viele Opfer fordern wird.)

Warum wissen wir nicht mehr? (Die bösen Jungs kommunizieren verschlüsselt.)

Warum schnappen wir sie uns nicht? (Wir sind nicht sicher, um wen es sich handelt, und wollen auch den Anschlag nicht auslösen.)

Es gab viele Fragen und keine Klarheit. Das FBI hatte bereits in aller Stille Maßnahmen getroffen, um eine sich anbahnende Katastrophe aufzuhalten. Unsere Agenten brachten ihre Informanten auf Trab und forderten sie auf, die Ohren offenzuhalten, falls sie etwas über einen möglichen Anschlag hörten. Unsere Ermittler überwachten so viele Terrorverdächtige, wie die Mittel nur hergaben. Die Aufzeichnungen der gerichtlich verfügten Lauschangriffe wurden sofort ausgewertet, anstatt erst nachträglich für die Anklageerhebung. Wir suchten verzweifelt nach einer Antwort auf die brennende Frage, die sich jeder Geheimdienstler und Polizist stellte: Was steht uns bevor?

Die Antwort erhielten wir am Morgen des 11. September 2001, einem Dienstag, ab viertel vor neun Ostküstenzeit. Ich saß ironischerweise gerade mit anderen Agenten in einem Vortrag über Krisenbewältigung in einem Saal direkt neben der Zentrale der FBI-Dienststelle Miami. Ich wusste, der Angriff hatte begonnen, als ich davon hörte, dass ein Verkehrsflugzeug in einen Turm des World Trade Centers geflogen war. Ich stand auf und wies die anderen Agenten an, sofort ihre jeweiligen Einheiten aufzusuchen und dort auf Befehle zu warten. In sämtlichen Fernsehern in unserem Gebäude liefen die Nachrichten. Als ich in mein Büro zurückkam, starrten die Mitarbeiter regungslos auf den Bildschirm. Wir sahen, wie das zweite Flugzeug in den anderen Turm einschlug. Niemand sagte ein Wort.

Ich rief meine Frau an. Sie war bei der Arbeit und hatte noch nichts mitbekommen. Sie meinte, sie werde mich dann wohl eine Weile nicht zu sehen bekommen – damit hatte sie recht. Die FBI-Zentrale schickte uns ziemlich schnell die Passagierlisten aller vier entführten Verkehrsmaschinen. Neunzehn Fluggäste hatten arabische Namen. Vierzehn davon hatten zuletzt in Florida gewohnt – quasi direkt vor unserer Nase. Wir richteten eine Einsatzzentrale ein und fingen an, unseren Krisen- plan umzusetzen. Alle Agenten, die noch nicht da waren, wurden zur Arbeit beordert. Jede Einheit bekam einen Ermittlungsauftrag in Tag- und Nachtschichten. Diejenigen, die die erste Nachtschicht fahren soll- ten, wollten wir nach Hause schicken, damit sie sich ausruhen konnten, aber sie weigerten sich und gingen sofort an die Arbeit. Unser Staat wurde angegriffen. Es war Zeit, dass das FBI Klarheit im Chaos schuf.

Wir ermittelten die Anschriften unserer vierzehn Verdächtigen und schickten ein Überwachungsteam zu jeder Adresse. Gab es weitere Ver- dächtige? Wir schwärmten in die Nachbarschaft aus, befragten die Anwohner, die Imame der örtlichen Moscheen, die Vermieter, die Ladeninhaber in der Umgebung. Wer waren diese Mörder? Wie lange hatten sie unter uns gelebt? Wir besorgten uns die Kreditkartenabrech- nungen der Täter und überprüften sämtliche Einkäufe: im Supermarkt, im Einrichtungshaus, im Tante-Emma-Laden an der Ecke.

Die Evidence Response Teams (ERTs), Spurensicherungs-Einsatz- gruppen des FBI, sahen sich einer schweren Aufgabe gegenüber. Die Dienststelle in New York hatte damit zu kämpfen, an einem unvorstell- baren Tatort Tausende Leichen zu bergen – grauenhaft. Der Schutt der zwei Türme musste nach menschlichen Überresten und den Trümmern der Flugzeuge durchsiebt werden, anschließend mussten die Maschi- nen, die Sitze, die Koffer wieder zusammengesetzt werden. Waren iden- tifizierbare Habseligkeiten der Entführer darunter? Gab es Hinweise auf Sprengstoffe?

Ein New Yorker Agent verunglückte tödlich, als er versuchte, Ein- geschlossene aus den Trümmern zu bergen, und ein kürzlich pensionier- ter älterer Agent, der Sicherheitschef des Welthandelszentrums gewor- den war, starb an seinem allerersten Arbeitstag. Er hatte versucht Men- schenleben zu retten und war in die angeschlagenen Hochhäuser zurückgekehrt. Die FBI-Dienststelle Washington schickte Spurensiche- rungsgruppen zum Pentagon. Das FBI Pittsburgh kümmerte sich um den Absturzort der United-Airlines-Maschine Flug 93 bei Shanksville in

Pennsylvania. Das FBI Miami dagegen musste ganz andere Spuren sichern.

Jedes Haus und jedes Hotel, in dem sich die vierzehn Entführer, die in Südflorida gewohnt hatten, je aufgehalten hatten, musste genau durchsucht werden. Es war nicht damit getan, Fotos zu knipsen, Fingerabdrücke zu sichern und den Inhalt der Mülleimer einzutüten. Buchstäblich jede dem FBI bekannte Spurensicherungsmethode wurde eingesetzt: Ultraviolett- und Infrarotfotografie, Erbgutsicherung, Haar- und Textilfaseruntersuchung – alles. Es gab übrigens ziemlich viele Haare, die wir analysieren konnten. Als der Chef der Spurensicherung uns meldete, es habe sich haufenweise menschliches Haar in den durchsuchten Räumen gefunden, waren wir zuerst verblüfft – hatten wir uns verhört? Nein, es stimmte. Es stellte sich heraus, dass die Terroristen sich vor ihrem Märtyrertod rituell gereinigt und dabei am ganzen Körper rasiert hatten.

Nachdem die Medien Bilder der Entführer gebracht hatten, meldeten sich immer mehr Anrufer, die mit den Männern gesprochen oder sie irgendwo gesehen hatten. Jeder einzelne musste befragt werden. Dann kamen Hunderte Anrufe besorgter Bürger, die fürchteten, ihr braunhäutiger Nachbar führe Böses im Schilde und sei bestimmt ein verkappter Terrorist. Auch diese Anrufe mussten wir protokollieren, sie priorisieren und dem Verdacht nachgehen. So ging es in sämtlichen FBI-Dienststellen zu, Tag und Nacht.

Wie die meisten betroffenen Dienststellen ging das FBI Miami, wo ich Leiter der Nachtschicht war, nach den Anschlägen vom 11. September zu zwei Zwölfstundenschichten über, um durchgehend arbeiten zu können. Die Kommandostruktur sorgte dafür, dass zu jeder Schicht mehrere Gruppenleiter und ein Schichtleiter gehörten. Auf dem Papier hieß das, man konnte sich in den zwölf Freistunden zwischen zwei Schichten ausreichend erholen, aber auf dem Papier sieht alles gut aus. Ich war wochenlang Nachtschichtleiter. Nachdem unsere Schicht ihre zugewiesenen Aufgaben bei den Ermittlungen gegen die Entführer erledigt, Tausenden Hinweisen besorgter Bürger nachgegangen war, alles aktenmäßig erfasst und zum Schluss die nächste Tagschicht eingewiesen hatte, fuhr ich nach Hause, um ein bisschen Schlaf nachzuholen. Dann aber fing jedesmal das Telefon an zu klingeln.

Es liefen so viele Hinweise zum Leben und den bedeutsamen Kontakten der Entführer ein, zu möglichen Komplizen, anderen Terroristen und verdächtigen Personen oder Gepäckstücken, dass man einer komplexen Spur oft nicht in einer Schicht bis zum Ende nachgehen konnte. Das hieß – je nachdem, wie heiß die Spur war –, dass der zuständige Agent entweder Überstunden nach der Schicht einlegte oder die Spur direkt an die Ablösung von der nächsten Schicht übergab. Die Agenten versuchten das Protokoll auf dem neuesten Stand und vollständig zu hinterlassen, wenn sie Feierabend machten, standen aber oft vor der Wahl, entweder das Protokoll zu schreiben, solange sie noch alles frisch im Gedächtnis hatten, oder sich mit der nächsten heißen Spur zu befassen, die dringend bearbeitet werden wollte. Auch das alte Datenerfassungssystem für schwere Fälle des FBI war für diese Massen an Ermittlungsberichten nicht ausgelegt und kam nicht mehr mit. Konkret hieß das für mich, dass jedes Mal, wenn ich gerade eingeschlafen war, mein Blackberry auf dem Nachttisch klingelte. Das ging wochenlang so.

Die Suche nach Klarheit hat mitunter einen hohen Preis.

Die Anrufe kamen meistens von den Kollegen im durchgehend besetzten Lagezentrum der FBI-Zentrale. Der Anrufer bat meist um Entschuldigung wegen der Störung und wollte dann wissen, ob eine Überwachungsmaßnahme angeordnet worden war, ob die Spurensicherung einen Tatort freigegeben hatte oder ob das Ergebnis eines Lügendetektortests schon vorlag. Beschwerden aus zahlreichen Dienststellen, die Zentrale solle aufhören, die Agenten in der Freischicht ständig zu wecken, halfen nicht. In einer der morgendlichen Telefonkonferenzen mit der Zentrale, die jetzt täglich abgehalten wurden, verlor der Leiter einer Dienststelle schließlich die Geduld und stauchte die Chefs in Washington zusammen, weil sie unentbehrliche Schichtleiter in Zombies verwandelten. Einer dieser wandelnden Toten war auch ich. Die Anrufe in der Schlafenszeit nahmen danach zumindest vorübergehend ab; die Agenten vor Ort hatten der Zentrale selbst ein wenig Klarheit verschafft.

Ich glaube schon, dass das FBI einer taumelnden, verstörten Nation nach dem 11. September eine gewisse Klarheit gebracht hat. In bemerkenswert kurzer Zeit gelang es der Organisation und den anderen Polizei- und Geheimdienstbehörden, sämtliche Flugzeugentführer eindeutig zu identifizieren, ihre Herkunft und ihre Geldgeber festzustellen, herauszufinden, wie und wo sie fliegen gelernt hatten, und Osama bin Laden als Rädelsführer der Anschläge zu benennen. Ich würde nie behaupten, die Arbeit des FBI nach dem 11. September sei ein Erfolg gewesen – keine Ermittlungsbehörde sollte sich erfolgreich nennen, wenn es den vereinten Kräften von Polizei und Geheimdiensten nicht gelungen ist, einen Anschlag zu verhindern –, aber das FBI konnte dem Land helfen, nach einem der tragischsten Ereignisse der jüngeren Geschichte wieder zu geordneten Verhältnissen zurückzufinden.

Manchmal gelingt es selbst dem FBI nicht, sich Klarheit zu verschaffen. Es hat ständig mit Angelegenheiten zu tun, die anders erscheinen, als sie wirklich sind. Jeder Agent weiß, dass vorschnelle Vermutungen über Täter, Zusammenhänge und Motive gefährlich sind; es können Menschenleben davon abhängen, ob man bei den Tatsachen bleibt. Die vernebelte Sicht während einer wichtigen Ermittlung, bei der es auf Schnelligkeit ankommt und viel auf dem Spiel steht, beeinträchtigt das Denken auch der schärfsten Geister und macht eine bereits angespannte Lage noch angespannter. Deshalb muss man sich immer wieder ermahnen, Indizien und Erkenntnisse vorurteilsfrei zu interpretieren. Als Medizinstudent lernt man, keine unnötigen Faktoren in eine Diagnose einzuführen; in der Philosophie spricht man von »Occams Rasiermesser«. Das heißt, die einfachste Erklärung ist oft auch die zutreffende. Manchmal sind Kopfschmerzen bloß Kopfschmerzen. Ich denke hier an einen Fall im Herbst 2009, als sich bei der Verhinderung eines Terroranschlags während einer wilden Verfolgungsjagd quer durch die USA, dass die »romantische Affäre« eines Jihadis auf einem Rastplatz in Ohio manchmal wirklich bloß eine romantische Affäre ist. Manchmal sehen auch FBI-Ermittler die Dinge nicht kristallklar.

Nach meiner Dienstzeit in Miami und zwei Jahren als Inspector und anschließend Generalinspekteur wurde ich Ende 2006 als Dienststellenleiter nach Cleveland, Ohio, versetzt. Die Überwachungsagenten dieser Dienststelle hatten einen ausgezeichneten Ruf, weil sie schon lange zusammenarbeiteten, ein gutes Team bildeten und sehr erfolgreich waren. Die Teams wurden von der Zentrale koordiniert. Hier wurden die schweren Entscheidungen getroffen, welches Überwachungsteam aus welcher Dienststelle auf welchen wichtigen Fall angesetzt wurde. Wenn ich als Dienststellenleiter in Cleveland zum Beispiel unsere Beamten auf einen örtlichen Drogenring ansetzen wollte, aber das Büro in Denver noch weitere Leute brauchte, die rund um die Uhr mehrere Terroristen im Visier behalten sollten, die einen Sprengstoffanschlag auf die New Yorker U-Bahn planten, dann hatte Denver selbstverständlich Vorrang. Genau das passierte nämlich im September 2009. Der Leiter unseres Überwachungsteams in Cleveland kam zu mir ins Büro und meldete, dass die Zentrale unser Team zu einem überregionalen Einsatz für die Dienststelle Denver abgestellt hatte, einem »echt großen Fall«. Damit war mein Überwachungsteam nicht mehr mir unterstellt, sondern dem Dienststellenleiter in Denver und der Zentrale in Washington. Ich würde also bis auf Weiteres ohne sie auskommen müssen.

Erst später erfuhr ich, dass Denver tatsächlich einen enorm wichtigen Fall bearbeitete, gemeinsam mit der Dienststelle New York, und dass alle FBI-Überwachungsteams zwischen Denver und New York eingebunden waren. Der FBI-Codename des Falls war »High Rise«, und er wurde später von Adam Goldman und Matt Apuzzo, zwei hervorragenden Reportern der *New York Times*, zu einem Buch mit dem Titel *Enemies Within: Inside the NYPD's Secret Spying Unit and bin Laden's Final Plot Against America* verarbeitet. Anfang September waren E-Mails eines Absenders in Colorado an ein Mitglied von Al Kaida in Pakistan abgefangen worden, gegen den bereits wegen Terrorismusverdacht ermittelt wurde. Der Absender aus Aurora bat um Hilfe bei einem pakistanischen Kochrezept, zu dessen Zutaten Mehl und geklärte Butter gehörten. Wer auch immer er war – er gab netterweise seine Telefonnummer in der

E-Mail an. Als die Antwort ausblieb, schickte er nur Minuten später eine zweite Mail hinterher, und die klang sehr verdächtig.

Sie lautete: »Sind alle OK und kommen gut voran, bitte antworte sofort auf meine Frage, die Hochzeit ist vorbereitet, Mehl und Öl.« *Hochzeit* war im Sprachgebrauch von Al Kaida oft eine Tarnbezeichnung für einen geplanten Anschlag – wohl, weil die Täter glaubten, als Märtyrer stünden ihnen im Paradies 72 Jungfrauen als Belohnung zur Verfügung, vermuteten wir. Das FBI fand rasch heraus, dass E-Mail-Adresse und Telefonnummer in Aurora einem 24-jährigen Einwanderer aus Afghanistan namens Najibullah Zazi gehörten. Mr. Zazi hatte bisher im New Yorker Stadtteil Queens gewohnt und dort auf der Straße mit einem Karren Kaffee verkauft. Vor einigen Monaten war er nach Colorado gezogen, wo bereits eine Tante und ein Onkel und seit Kurzem auch seine Eltern wohnten. Inzwischen arbeitete er als Busfahrer im Zubringerdienst zum internationalen Flughafen Denver. Damit hatte er freien Zugang zur größten Drehscheibe Nordamerikas. Die Experten des FBI sahen sich seine Reiseunterlagen an und erfuhren, dass er im pakistanischen Peshawar, nahe der Grenze zu Afghanistan, gewesen war. Das war Al-Kaida-Gebiet. Passagierlisten und Sitzplatzbuchungen zeigten, dass Zazi wahrscheinlich mit zwei Freunden dorthin geflogen war – einem Taxifahrer und einem Sicherheitsmann, beide aus New York.

Zazi hatte in Peshawar keinen Kurzurlaub verbracht, sondern war gleich fünf Monate lang geblieben. Jetzt war er zurück in den USA und schickte dringliche E-Mails, »alle« seien »bereit« für die »Hochzeit« und erkundigte sich nach Zutaten eines Kochrezepts. Das FBI Denver stellte ihn und seine Familie unter Dauerüberwachung. Die Agenten beobachteten, wie Zazis Vater ihn zu einem Büro des Autovermieters Hertz fuhr und ihm mit seiner eigenen Kreditkarte einen Wagen mietete. Früh am nächsten Morgen setzte sich Zazi ans Steuer eines Chevrolet Impala und fuhr auf die Interstate 70. Wo auch immer er hinwollte – er hatte es eilig. Er brauste mit 150 Sachen dahin, sodass seine Beschatter fürchteten, ihn zu verlieren. Sie konnten entweder an ihm dran oder unauffällig bleiben, aber nicht beides. Manchmal muss man improvisieren, um Klarheit zu gewinnen.

Das FBI Denver beschloss, den Raser abzubremsen. Auf Anforderung des FBI winkte die Colorado State Patrol ihn wegen Geschwindigkeitsüberschreitung eine Stunde hinter Denver an den Straßenrand. Der Verkehrspolizist stand in direkter Verbindung mit dem FBI und sollte versuchen herauszufinden, wohin Zazi eigentlich unterwegs war. Es funktionierte. Zazi legte dem Trooper die Papiere des Mietwagens vor und erwähnte ohne Weiteres, dass er nach Queens wollte, erzählte von dem Kaffeekarren, den er dort gehabt hatte, der Baseballmannschaft der Mets und dem Tennisturnier der New York Open. Er war weit redseliger als jeder normale Fahrer, der von der Verkehrspolizei gestoppt wird. Der Polizist ließ ihn weiterfahren, meldete aber, mit dem Mann stimme etwas nicht.

In New York arbeitete die Joint Terrorism Task Force (JTTF) inzwischen rund um die Uhr daran, sich Klarheit zu verschaffen. War Zazi Mitglied einer Terrorzelle? Wer gehörte noch dazu? Was hatten die Leute vor? Wann war der Anschlag geplant? Und dann mussten wir die Entscheidungen abwägen, denen sich das FBI in solchen Fällen oft gegenübersieht. Sollten wir sofort zugreifen und Zazi und seine Leute festnehmen und verhören? Hatten wir schon genug Beweise für einen Haftbefehl? Würde ein vorzeitiger Zugriff die verbliebenen Mitglieder dazu bringen, den Anschlag sofort auszuführen? Die Agenten, Experten und Ermittler des JTTF in Denver and New York waren bereits dabei, bei den zuständigen Gerichten eine telefonische Überwachung aller Personen zu beantragen, die mit Zazi in Verbindung standen. Denver bemühte sich um den richterlichen Bescheid, Auto und Wohnung von Zazis Familie zu verwanzen und ihre auf Vorrat gespeicherten Internet- und Telefondaten zu bekommen. Was die Agenten daraufhin zu hören und zu sehen bekamen, war äußerst beunruhigend. Währenddessen raste der Verdächtige wie wahnsinnig die fast dreitausend Kilometer nach New York. Unterwegs ereignete sich etwas Seltsames, das uns ziemlich aus dem Gleis warf.

Die FBI-Überwachungseinheiten hatten einander Zazi von Staat zu Staat weitergereicht wie bei einem gefährlichen Staffellauf. Diese Agenten wussten zwar, dass sie einen mutmaßlichen Terroristen beschatteten, aber nicht mehr. Ihnen war nur klar, dass sie ihn nicht verlieren durften, aber damit wussten sie immer noch mehr als ich zu dieser Zeit. Die Agenten aus meinem Zuständigkeitsbereich in Cleveland hatten Zazi in Indiana übernommen, und jetzt zischte er gerade an der Hauptstadt Ohios vorbei.

Selbst Terroristen brauchen Pinkelpausen. Kurz vor Morgengrauen hielt Zazi auf einem Autobahnrastplatz bei Columbus an. Die Agenten parkten ihre unauffälligen Einsatzwagen in der näheren Umgebung, mit mehr oder weniger Abstand zu Zazis Impala. Ein Agent übernahm die Rolle des »Augapfels«, was bedeutete, dass er Zazi und seinen Wagen immer direkt im Blick hatte. Auch dieser Agent blieb möglichst weit entfernt; der Beschattete sollte während der Fahrt nicht zweimal dasselbe Auto sehen und Verdacht schöpfen. Zazi stieg aus, ging auf die Herrentoilette, kam wieder zurück. Dann geschah etwas Seltsames.

Damit meine ich, dass der Agent aus Cleveland, der ihn direkt im Blick hatte, im unsicheren Licht des dämmernden Tages etwas zu sehen glaubte, das er sich nicht erklären konnte. Der Agent war der Meinung, dass eine zweite Person, ein Mann, zu Zazi in den Wagen gestiegen sei. Die zweite Person fuhr einen weißen Lieferwagen, der in der Nähe des Impala parkte. Der Agent notierte sich dessen Nummernschild. Wenige Minuten später fuhr Zazi alleine weiter, wieder mit Höchstgeschwindigkeit. Die Überwacher aus Cleveland rasten ihm hinterher und hofften nur, dass sie auf dem Highway nicht von der Verkehrspolizei angehalten würden. Als sie Pennsylvania erreichten, übergaben sie Zazi an ein weiteres Team und machten sich auf den Heimweg. Ihre Arbeit schien getan, der Impala war weiter auf dem Weg nach New York, aber Zazi hatte uns in Cleveland etwas hinterlassen, das Fragen aufwarf, die wir noch klären mussten. Wieder ging es darum, Klarheit zu gewinnen.

Der Chef unserer örtlichen Terrorabwehrabteilung kam zu mir ins Büro und warnte mich, Mike Heimbach, der Leiter der Terrorabwehr in der FBI-Zentrale, sei am Telefon, wolle mich sprechen und sei ziemlich gereizt. Heimbach sparte sich auch prompt alle Begrüßungsfloskeln, als er zu mir durchgestellt wurde. Mein Terrorabwehrchef ließ sich in einen

Sessel fallen und hörte zu. Heimbach war wirklich ziemlich aufgebracht und warf mit *fuck* und *fucking* nur so um sich. Ich versicherte ihm, ich wisse nicht, was er meine, und bat ihn, sich zu beruhigen. Erst durch Mikes Anruf erfuhr ich von der Operation »High Rise« und den Grund, warum unsere Überwachungsagenten außerhalb der Dienststelle eingesetzt wurden. Bis dahin hatten wir nur das Nötigste gewusst, was wir zur Erfüllung des Auftrags brauchten. Das war nicht unüblich und machte gewöhnlich nichts aus – jetzt aber schon.

Das Protokoll von Zazis Beschattung von unseren Agenten war gerade in Denver eingetroffen, und dort war einem Agenten die Episode am Rastplatz mit dem Mann aus dem weißen Lieferwagen aufgefallen. Ich sagte Mike zu, der Sache nachzugehen und ihn umgehend ins Bild zu setzen. Der Chef unserer Überwachungsagenten besorgte mir die Protokolle, und dort stand tatsächlich, dass einer unserer vier eingesetzten Beschatter eine seltsame Begegnung an einem Rastplatz mitangesehen und das Nummernschild eines Lieferwagens aus Ohio notiert habe. Ebenso seltsam war aber, dass noch niemand diese Autonummer überprüft hatte.

Der Chef unserer Überwachungsabteilung hatte das zwar gerade erst vom betreffenden Agenten gehört, aber ich wollte mit dem Mann selbst sprechen. Ich brauchte Klarheit. Wir bestellten ihn in mein Büro. FBI-Überwachungsteams arbeiten verdeckt, ihre Einsatzfahrzeuge sehen aus wie gewöhnliche Zivilautos, und an ihrer Bürotür steht nicht »FBI«. Wir mussten also erst dort anrufen und ihn bitten, in die Dienststelle zu kommen. Er war ein langjähriger, erfahrener Agent, kein Neuling im Geschäft. Er trug unauffällige Straßenkleidung, als er sich in einen Sessel vor meinem Schreibtisch setzte.

Er war müde. Alle Agenten im Überwachungsteam waren erschöpft durch die Verfolgungsjagd nach einem Verrückten, der quer durch die USA die Highways entlangraste, aber sie hatten sich nicht abhängen lassen. Jetzt erzählte er, wie Zazi in der Morgendämmerung auf den Rastplatz abgebogen war. Das kleine Überwachungsteam hatte seine Wagen unauffällig in der Nähe so geparkt, dass einer dem Überwachten vorausfahren und die anderen ihm nachfolgen konnten, wann immer er wieder aufbrach. Der Agent, der mir jetzt gegenübersaß, hatte ziemlich weit entfernt am Rand des Rastplatzes geparkt, aber mit direkter Sicht auf Zazis Chevrolet. Als Zazi von der Toilette zurückgekommen war, hatte der Agent einen Mann gesehen, der hinter Zazi herging und zu ihm ins Auto stieg, auf den Beifahrersitz. Danach war der Kopf des zweiten Mannes eine Weile nicht zu sehen gewesen. Vielleicht waren die Fenster beschlagen, und das Licht war auch nicht gut. Kurz darauf stieg der zweite Mann wieder in seinen Lieferwagen, und Zazi raste weiter in den Heiligen Krieg gegen die Ungläubigen.

Unser Agent schrieb sich rasch die Autonummer des Lieferwagens auf, bevor er Zazi weiterverfolgte. Dann musste er sich im Bruchteil einer Sekunde entscheiden. Die anderen Agenten des Teams waren längst auf dem Highway in Richtung New York und bemühten sich, Zazi nicht zu verlieren und dabei unauffällig zu bleiben. Ein Kollege hatte sich bereits über Funk gemeldet und wollte den Standort des Agenten wissen. Der weiße Lieferwagen stand immer noch auf dem Rastplatz. Der Agent zweifelte jetzt an dem, was er da im unsicheren Licht gesehen hatte, und machte sich lieber wieder auf die Verfolgungsjagd. Er konnte ja das Nummernschild immer noch überprüfen lassen, sowie er ein paar Minuten Zeit für einen Funkspruch hatte. Falls er ein paar Minuten Pause machen konnte, heißt das, und falls er sich dann daran erinnerte. Die Jagd ging allerdings ununterbrochen weiter, bis das Team aus Cleveland Zazi an der Grenze zu Pennsylvania an die Kollegen der Dienststelle New York übergab, und das Nummernschild war immer noch nicht geprüft worden.

So schnell sich auch die Verfolgungsjagd auf Zazi abspielte – die Ermittlungen gegen ihn und seine Genossen liefen noch schneller. Die Agenten fanden Belege für Material und Chemikalien zum Bombenbau, mehrere Zellenmitglieder und Pläne für einen Anschlag auf die New Yorker U-Bahn. Zazi hatte im Internet nach Salzsäure gesucht, Acetonperoxid als Zündmittel vorbereitet und Planungsbesprechungen in New York abgehalten. Die Agenten erfuhren, dass Zazi mit mindestens drei Komplizen einige Monate zuvor große Mengen Rohstoffe bei Lieferanten für die Kosmetikindustrie in Colorado gekauft hatte, und zwar Chemikalien für die Herstellung von Triacentontriperoxid, einem bei Terroristen gebräuchlichen Sprengstoff. Wie man ihn herstellt und transportiert, wussten die Täter aus einer neunseitigen handgeschriebenen Anleitung, die die Beamten entdeckt hatten. Zazi war ein Volltreffer, und jetzt hatte er sich womöglich in Ohio mit einem Unbekannten getroffen. Wer war der geheimnisvolle Lieferwagenfahrer? Hatte Zazi von ihm Materialien zum Bombenbau bekommen oder ihm welche gegeben? Wurden Informationen oder Anweisungen ausgetauscht? Wir brauchten mehr Klarheit.

Die Autonummer des weißen Lieferwagens wurde jetzt überprüft. Er war natürlich auf eine Adresse in unserem Bereich zugelassen, und gehörte einem Kurierdienst direkt am Flughafen Cleveland-Hopkins. Das hieß, der unbekannte Fahrer hatte wahrscheinlich Zugang zum Frachtbereich des Flughafens. Falls Zazi ihm Sprengstoff mitgegeben hatte, konnte die Bombe jetzt schon irgendwo dort deponiert sein. Ich rief mein Leitungsteam zu mir ins Büro. Ein Agent sollte sich auf den Weg zu dieser Adresse machen und den weißen Lieferwagen unauffällig ausfindig machen. Außerdem sollte sich einer unserer Spezialisten über den Kurierdienst, seine Eigentümer und seine Mitarbeiter ins Bild setzen. Ich wies die gesamte JTTF an, alles stehen und liegen zu lassen, um das Geheimnis des weißen Lieferwagens aufzuklären.

Die Joint Terrorism Task Force war eine klasse Sache. Man konnte dort unter einem Dach alle Informationen bekommen, die sämtliche örtlichen, bundesstaatlichen und US-weiten Polizeibehörden und Geheimdienste hatten. Jeder dieser Dienste stellte mindestens einen Agenten, Polizisten oder Detective komplett zur JTTF ab, der eng mit der Terrorabwehr des FBI zusammenarbeitete. In dieser Sache mit dem weißen Lieferwagen zum Beispiel brauchten wir alle Frachtaufträge des Kurierdienstes. Hatte er jemals Sendungen aus dem Nahen Osten oder vom indischen Subkontinent, etwa aus Pakistan, transportiert? Der Agent der US-Zollbehörde in der Task Force fand das schnell für uns heraus. Natürlich hatte der Kurierdienst mehrfach Sendungen mit verschiedenen Materialien aus und nach Pakistan befördert. Natürlich.

Es war ja auch kurz vor dem Wochenende. Fragen Sie einen beliebigen FBI-Agenten, an welchem Wochentag ein dringlicher Auftrag mit der größten Wahrscheinlichkeit auftaucht; er wird Ihnen sagen, dass das immer am Freitagabend passiert. Unser Wochenende war gestorben, sowie der Agent, der den Kurierdienst überprüfen sollte, sich meldete. Es war zwar dunkel, aber er sah, dass das Firmengelände mit einem Sicherheitszaun umgeben und die Tore abgeschlossen waren; es lag ohnehin im überwachten Sicherheitsbereich des Flughafens. Eine Einzelheit konnte der Agent noch durch den Zaun erkennen: Der Kurierdienst hatte eine ganze Flotte einheitlicher weißer Lieferwagen, die in mehreren Reihen dahinter parkten. Das war nicht weiter verwunderlich.

Ich richtete einen Einsatzstab ein, der rund um die Uhr arbeitete, und setzte den Krisenplan unserer Dienststelle in Kraft. Niemand durfte Feierabend machen, außer den Agenten der »Mitternachtsschicht«, die jetzt ins Bett geschickt wurden, um auf Vorrat zu schlafen. Die Kollegen in Denver suchten noch nach weiteren Hinweisen auf einen bevorstehenden Anschlag, die in New York nach den Tätern und ihren Bomben, und wir in Cleveland nach dem Typ im weißen Lieferwagen. Wir konnten nicht einmal ausschließen, dass dieser Kurierdienst der Stammlieferant eines Terrornetzwerks war, zu dem womöglich auch Jihadkämpfer vor unserer eigenen Haustür gehörten. Wir wussten noch nicht, ob wir den Chefs des Kurierdienstes trauen konnten und ob die einzelnen Lieferfahrer jeden Tag denselben Transporter fuhren, also ordnete ich an, jeden weißen Lieferwagen, der den Firmenparkplatz verließ, zu beschatten.

Während diese umfangreiche Operation in Gang gesetzt wurde, befassten wir uns mit verschiedenen Theorien, was auf dem Rastplatz geschehen war. Waren Rohmaterialien für Sprengstoff weitergegeben worden? Geld für die Ausgaben, die der Anschlag mit sich brachte? Hatte Zazi eine verschlüsselte Nachricht aus Pakistan bekommen? Am Samstag hatten wir eine Arbeitshypothese zu diesem Vorfall. Die Beamtin der Ohio State Troopers in der JTTF, eine fähige Frau, hatte sich darangemacht, zusammenzutragen, was die Staatspolizei über den

Rastplatz an der Interstate 70 hatte, und dabei stellte sich etwas anderes heraus. Der Kurierdienst war sauber, so viel wussten wir inzwischen, ebenso die Sendungen aus Übersee, die durch den Zoll gegangen waren. Ich rief Mike Heimbach an und erzählte ihm von unserer Vermutung.

»Mike, die State Patrol sagte uns, dieser Rastplatz sei ein bekannter Schwulentreffpunkt.«

Mike schwieg verblüfft, dann fragte er: »Soll ich vielleicht dem Director sagen, der Typ hat sich bloß einen blasen lassen?«

Sie fragen sich vielleicht, ob ein fanatisch religiöser Terrorist direkt vor seinem Märtyrertod ein elementares Gebot seines Glaubens brechen würde, aber das war auch schon bei den Flugzeugentführern des 11. September der Fall gewesen. Diese Leute, einschließlich des Rädelsführers Mohammed Atta, ließen nach Aussagen von Kneipenwirten, Stripteasetänzerinnen und Prostituierten die Puppen tanzen, als gebe es kein Morgen. Wir hielten in dieser Hinsicht nichts für unmöglich.

Am Sonntag, während sich Hunderte New Yorker Agenten und Polizisten in ihre Einsatzklamotten und kugelsicheren Westen warfen, um Zazis Zelle und ihre Lagerräume in mehreren Razzien hochzunehmen, identifizierten unsere Agenten in Cleveland den Lieferwagenfahrer. Es handelte sich um einen jungen Weißen mit einem einwandfreien Führungszeugnis. Keine Vorstrafen. Das hieß nicht, dass er kein Terrorist sein konnte, sondern nur, dass wir keine Hinweise fanden, er könne einer sein. Die Forensiker in der FBI-Zentrale führten die computertechnische Entsprechung einer Autopsie durch und nahmen sich seine Aktivitäten im Internet vor – und fanden keine Verdachtsmomente. Unser Überwachungsteam beschattete ihn auf seinen Lieferfahrten quer durch Ohio. Die Razzien in New York standen unmittelbar bevor, wir mussten mit den Ermittlungen weiterkommen.

Der Kurierdienst war sauber, der Fahrer auch. Ich rief die Leiter unserer Terrorabwehr und die mit dem Fall befassten Agenten zu mir ins Büro, schloss die Tür und fragte jeden der Reihe nach, ob die Zeit reif sei, mit dem Chef des Kurierdienstes und dann mit dem Fahrer selbst zu reden. Alle waren der Meinung, das sei der Fall. Weil wir dem Kurier-

dienst nicht sagen durften, worum es wirklich ging, dachten wir uns
eine Finte aus: Der Fahrer sei möglicherweise ein wichtiger Zeuge eines
Verbrechens. Das klang ziemlich plausibel.

Einer der besten Leute unserer Terrorabwehr machte sich auf den
Weg zum Chef des Kurierdiensts. Schon nach kurzer Zeit meldete er
sich mit einer dringenden Nachricht: Der Chef hatte gesagt, der betreffende Fahrer könne erst in einigen Tagen befragt werden, weil er gerade
auf einer Fernfahrt sei – eine Lieferung nach New York. Fast gleichzeitig
meldeten sich die Agenten, die dem weißen Lieferwagen folgten: Das
Zielfahrzeug sei mit hoher Geschwindigkeit Richtung New York unterwegs. Jetzt mussten wir damit rechnen, dass unser Mann, womöglich
ohne es zu wissen, eine Bombe im Laderaum hatte und damit wie eine
Rakete auf die größte Stadt der USA zuraste.

Bei den koordinierten Razzien in den frühen Morgenstunden waren
in New York ein grüner Koffer mit neun brandneuen Rucksäcken gefunden worden. Das wäre einer für jedes der bisher identifizierten Zellenmitglieder. Sollten diese Rucksäcke mit Sprengstoff gefüllt in die U-Bahn
gebracht werden? Keiner der Verdächtigen gab das zu. In der Abstellkammer einer der durchsuchten Wohnungen stießen die Polizisten auf
eine elektronische Waage und einen Taschenrechner, und jeder Festge-
nommene erzählte eine andere Geschichte, warum er mit Zazi nach
Pakistan gefahren war. Die Spurensicherung nahm Proben von sämtlichen Oberflächen, um sie auf Chemikalien- und Sprengstoffreste zu
untersuchen. Diese Razzien ließen sich natürlich nicht geheim halten;
alle Verdächtigen wussten jetzt, dass ihnen das FBI auf der Spur war.

Die New Yorker Polizei und die JTTF entschlossen sich daher, den
weißen Lieferwagen mit dem Fahrer aus Ohio, der inzwischen nahe
dem Lincoln Tunnel im morgendlichen Berufsverkehr feststeckte, anzu-
halten und zu durchsuchen. Sie suchten nach Rohstoffen zum Bombenbau, nach Thermoskannen und Flaschen, in denen solche Chemikalien
vielleicht aufbewahrt wurden – und fanden nichts dergleichen. Der
Fahrer zeigte seine Frachtpapiere vor und erklärte, er liefere ein zweieinhalb Meter langes Schild an Macy's, ein Kaufhaus am Herald Square.
Das ist auch der Endpunkt der berühmten Parade an Thanksgiving und

wäre damit zwar ein prominentes Ziel für einen Terroranschlag gewesen, aber der Fahrer erschien absolut unverdächtig. Die Polizisten fotografierten das Reklameschild, die Papiere und den Lieferwagen und ließen ihn weiterfahren. Die Suche nach Klarheit im Laderaum eines Lieferwagens war fehlgeschlagen. Oder?

Manchmal muss man sich, wenn man auf der Suche nach Klarheit über einen Menschen oder einen Sachverhalt bei der Arbeit oder auch im Privatleben nicht weiterkommt, fragen, ob man nicht in Wirklichkeit von Neugier statt vom Bedürfnis nach Antworten getrieben wird. FBI-Agenten wollen instinktiv den eigentlichen Grund für alles wissen. Wir haben ein inhärentes Bedürfnis, nach dem Warum zu fragen, und das ist auch gut so – solange die Suche nicht zur schädlichen Besessenheit wird, die einen von Wichtigerem ablenkt. Das wollte ich hier verhindern. Der Fahrer des Lieferwagens hatte es nicht verdient, dass wir sein Privatleben aus reiner Neugier auseinandernahmen und womöglich bekrittelten. Wir hatten so viel Klarheit, wie wir brauchten. Die Untersuchung war abgeschlossen.

Einfach ausgedrückt: Man muss wissen, wann man aufhören soll. Manchmal muss man einfach akzeptieren, dass man keine Klarheit bekommen kann oder die Suche der Mühe nicht wert ist, besonders, wenn es einen vom Kurs abbringt. Und der Lieferwagen mit der Nummer aus Ohio brachte uns jetzt vom Kurs ab.

Wir wussten so gut wie sicher, dass der Fahrer nichts mit Terrorismus zu tun hatte. Alles, was uns jetzt noch zu tun blieb, war, ihn selbst danach zu fragen, was auf dem Rastplatz an der Interstate 70 passiert war. Er hatte Frau und Kinder, also erledigten wir das diskret. Der Agent, der ihn befragte, zeigte ihm Bilder von Zazi und fragte, was er bei dem kurzen Halt nahe Columbus getan habe. Der Fahrer erinnerte sich vage, dass er auf dem Rastplatz angehalten hatte, aber nicht an Zazi oder dessen Mietwagen. Die Agenten hielten ihn für glaubwürdig, auch wenn sie dessen nicht sicher sein konnten. Der Fahrer war zu einem Lügendetektortest bereit und bestand ihn.

Es war durchaus möglich, dass unser Überwachungsagent, der von Anfang an gesagt hatte, nicht deutlich erkannt zu haben, was vorging, gar nichts gesehen hatte. Wir hätten endlos weiter Ressourcen dafür verschwenden können, uns mit den persönlichen Neigungen des Fahrers zu beschäftigen, aber solche Untersuchungen hatten mit unserem Auftrag nichts zu tun. Mir wurde bewusst, dass alles, was über eine mögliche Verbindung des Fahrers zu Zazis Anschlagsplänen hinausging, bloße Neugier war und keine Suche nach Klarheit. Die Frage nach der Verbindung zur Terrorzelle war geklärt, unsere Arbeit in dieser Hinsicht getan. Wir hatten genug Klarheit und Wichtigeres zu tun.

Najibullah Zazi wurde im September 2009 wegen Zugehörigkeit zu einer Al-Kaida-Zelle verhaftet, die ein Selbstmordattentat auf die New Yorker U-Bahn geplant hatte. Die US-Regierung vermutete, der Anschlag sei von Saleh al-Somali, dem damaligen Auslandschef von Al Kaida, und Rashid Rauf, einem weiteren Al-Kaida-Führer, dirigiert worden. Zazi bekannte sich schuldig, und mehrere andere Zellenmitglieder und Komplizen wurden ebenfalls verurteilt. Angeklagt war Zazi unter anderem wegen Verschwörung zum Einsatz von Massenvernichtungswaffen, Verschwörung zum Mord im Ausland und Beihilfe zur Unterstützung einer terroristischen Vereinigung. Al-Somali und Rauf wurden später durch amerikanische Drohnen getötet.

Die Geschichte mit dem weißen Lieferwagen ist eine Mahnung, dass man nicht immer die umfassende Klarheit braucht, nach der man sucht, und dass manchmal sogar ein berufsmäßiger Ermittler akzeptieren muss, dass dieses Ziel unerreichbar bleibt.

Während meiner Dienstzeit in Atlanta gehörte ich zum Beispiel zu den zahlreichen Agenten, die mit Anfangsermittlungen im Fall einer Reihe von Briefbomben betraut waren, die ein Täter damals in den östlichen Südstaaten verschickte. Diesen Bomben fielen der Bundesrichter Robert Smith Vance Sr. in Alabama und der schwarze Bürgerrechtsanwalt Robert E. Robinson in Georgia zum Opfer. Die Profiler des FBI arbeiteten Tag und Nacht daran, ein Persönlichkeitsprofil des Täters zu erstellen. Die Analyse ergab zwar seine wahrscheinliche Hautfarbe, soziale Schicht und Altersgruppe und setzte uns tatsächlich auf die richtige Spur, aber wie so oft, wenn man die Beweggründe eines Verbrechers zu verstehen versucht, führte uns die Suche nach Klarheit in die Falle, logisches Denken bei einem Verrückten vorauszusetzen.

Es gab mehr als genug Theorien, warum der Täter gerade diese Zielpersonen ausgesucht hatte und warum er den Betreffenden und ihren Institutionen den Tod wünschte, aber als Walter Leroy Moody schließlich gefasst und verhört wurde, stellte sich heraus, dass seine Gründe zwar ihm selbst sinnvoll erschienen, dass er aber schlicht eine Schraube locker hatte. Das FBI hatte Klarheit über den Täter gewonnen, über das Motiv aber nicht, weil das unmöglich war. Walter Moody wurde von einem Bundesgericht zu mehreren lebenslänglichen Freiheitsstrafen verurteilt und am Ende in Alabama durch die Giftspritze hingerichtet.

Fast dreißig Jahre nach dieser Briefbombenermittlung machte ich, inzwischen als Experte für nationale Sicherheitsfragen im Kabelfernsehen tätig, eine kleine Entdeckung. Eines Nachmittags saß ich in der New Yorker Zentrale des Fernsehsenders NBC mit einer Kollegin zusammen. Mit Vance war ich oft gemeinsam aufgetreten und ich respektierte die ehemalige Bundesanwältin für Nord-Alabama sehr. Hatten wir womöglich mehr Gemeinsamkeiten als nur unseren Job als Fernsehexperten? Das war tatsächlich so. Richter Vance, den Walter Moodys tragische Wahnvorstellungen das Leben gekostet hatten, war Joyce White Vance' Schwiegervater. Dass wir beide mit diesem Fall zu tun hatten, brachte auch nicht mehr Klarheit über Moodys verworrene Beweggründe, mahnte mich aber, dass man manchmal einfach damit leben muss, keine Antwort zu finden.

Wenn man Klarheit über sein Ziel und seine Prinzipien hat, weiß man aber immer, wofür man einsteht und wer man ist. Mit dieser Klarheit können wir akzeptieren, was unserem Ziel dient, und, wichtiger noch, wir können auch hinter uns lassen, was uns vom Ziel abbringt, etwa die Neugier im Fall des weißen Lieferwagens und seines Fahrers.

Man muss immer wissen, wann man auf Klarheit beharren, aber auch, wann man loslassen muss.

Als ich die Dienststelle in Miami leitete, wurde ich Zeuge eines denkwürdigen Beispiels dafür, wie das FBI auch Anfragen von höchster Stelle ablehnt, wenn es der Effektivität seiner Tätigkeit schadet. Die Anfrage kam in diesem Fall vom US-Justizminister und war direkt an mich als Dienststellen-Chef gerichtet. Unsere Antwort darauf wurde zur Lektion in Klarheit von Ziel und Auftrag.

Am Thanksgiving-Tag 1999 fanden Fischer fünf Kilometer vor der Küste Floridas bei Fort Lauderdale einen fünfjährigen kubanischen Jungen, der sich an einen aufgeblasenen Reifenschlauch klammerte. Seine Mutter und elf andere kubanische Flüchtlinge, die mit einem Floß in die USA hatten übersetzen wollen, waren bei dem Versuch ertrunken. Der kleine Elián González war der einzige Überlebende. Als er aus dem Krankenhaus entlassen wurde, kam er in die Obhut seines Onkels und anderer Verwandter, die bereits in Miami lebten. Am nächsten Tag forderte die kubanische Regierung in einer diplomatischen Note an die US-Gesandtschaft in Havanna die Rückführung Eliáns. Zwei Tage später reichte Eliáns Vater, der von der Mutter geschieden und in Kuba geblieben war, bei den Vereinten Nationen eine Beschwerde ein, in der er die Vormundschaft für seinen Sohn verlangte. Das US-Außenministerium erklärte sich unzuständig für Vormundschaftsfragen und reichte das Problem an die Gerichte in Florida weiter. Elf Tage später reagierten die Anwälte von Eliáns Verwandten in Miami mit einem Gesuch um politisches Asyl für das Kind. Weltweit stürzten sich Zeitungen, Radio und Fernsehen auf das Drama des kleinen Jungen, der zwischen seinem Vater und der Freiheit hin und her gerissen war.

Elián und seine Familie waren nicht die einzigen Akteure in diesem lateinamerikanischen Melodram. Die starke kubanische Exilgemeinde in Miami hasste Fidel Castro und was er ihrem Heimatland angetan hatte. Die Exilkubaner sahen Eliáns Odyssee als Symbol all dessen, was sie am kubanischen Regime verachteten und an den USA liebten. Am 5. Januar 2000 entschied die US-Einwanderungsbehörde INS, dass Eliáns Vater das Sorgerecht für seinen Sohn zustehe und der Junge in den nächsten zehn Tagen nach Kuba zurückgeschickt werden sollte. Tausende Exilkubaner aus ganz Südflorida gingen daraufhin auf die Straße. Die meisten demonstrierten für sein Verbleiben in den USA, weil seine Mutter gestorben war, als sie ihn dorthin bringen wollte. Das winzige

Haus, in dem Eliáns Verwandte sich mit ihm verschanzt hatten, wurde zum Zentrum eines riesigen Zirkus, der aus zerstrittenen Angehörigen des González-Clans, zerstrittenen Staats-, Bundes- und ausländischen Behörden und zerstrittenen Kubanern bestand.

Die Anwälte beider Seiten spielten Schach miteinander um einen hohen Einsatz. Die Anwälte der Verwandten Eliáns in den USA reichten bei einem Familiengericht des Staates Florida den Antrag auf Zusprechung des Sorgerechts an den Onkel ein, und ein zuständiger Richter erkannte Eliáns Onkel auch wirklich ein Notfall-Sorgerecht zu. Allerdings erkannte US-Justizministerin Janet Reno die Zuständigkeit der Familiengerichte eines Bundesstaats in diesem Fall nicht an und beschied Eliáns Verwandten in den USA, sie müssten sich an ein Gericht des Bundes wenden. Außerdem hob sie die Frist auf, nach der Elián bis zum 14. Januar zu seinem Vater in Kuba zurückgebracht werden müsse.

Politiker und Amtsinhaber aller Couleur bemerkten, dass jetzt die beträchtliche Wählergruppe der Exilkubaner involviert war, und begannen sich einzumischen. Vizepräsident Al Gore, der damalige Präsidentschaftskandidat der Demokraten, verkündete, er sei für ein Gesetz, das Elián gestatte, in Miami zu bleiben, bis der Sorgerechtsstreit vor einem Familiengericht entschieden sei. Dann stellte das US-Außenministerium Eliáns Vater und einigen nahen Verwandten Einreisevisa für die USA aus. Am 7. April erklärte Janet Reno nach einem Gespräch mit seinem Vater, sie werde Elián von Amts wegen abholen und seinem Vater übergeben lassen. Das war allerdings leichter gesagt als getan.

Die Justizministerin wollte mit Eliáns Verwandten in Miami besprechen, wie der Junge am besten in die Obhut seines Vaters gegeben werden könnte. In den folgenden Tagen ließen die Verwandten die Justizministerin wissen, sie solle hingehen, wo der Pfeffer wächst. Mehrere Dutzend kubanischstämmige Beamte der Stadtpolizei Miami errichteten eine Sicherheitszone um das Haus des Onkels mit Elián darin. Diese Beamten beschützten den Jungen nicht nur, sondern machten auch deutlich, dass die Beamten des Bundes hier nicht willkommen waren.

Am Karfreitag saß ich zu Hause beim Essen mit meiner Familie – bis mein Blackberry sich meldete. Der Dienststellenchef rief das Führungsteam ins Büro. Der Boss hätte uns nicht aus dem Osterwochenende geholt, wenn es nicht um etwas sehr Wichtiges gegangen wäre. Als ich im Büro ankam, sah ich unseren Chef, den Boss der Einwanderungs-behörde INS in Miami, den stellvertretenden Polizeichef von Miami und mehrere INS-Agenten, die ich nicht kannte. Außerdem war der Leiter unseres Überfallkommandos dabei. Mir wurde schnell klar, was das bedeutete. Ich wusste nur nicht, warum sie uns als Zuschauer brauchten.

Mein Chef erklärte mir, er habe einen Anruf aus der Zentrale in Washington bekommen, es sei Zeit, Elián herauszuholen, und das FBI solle das gemeinsam mit dem INS übernehmen, weil die Einwande-rungsbehörde kein eigenes Überfallkommando hatte, zumindest keines nach FBI-Standard, und keinerlei Erfahrung mit riskanten Zugriffen wie diesem. Außerdem erforderte es wegen der bewaffneten Polizisten aus Miami und der aufgeheizten Menge um das Haus beträchtliche tak-tische Ressourcen, Elián sicher und ungefährdet herauszuholen, und die hatten wir beim FBI. Andererseits konnte ein politisch und sozial so aufgeladener Einsatz die normale Tätigkeit des FBI in Miami ernsthaft gefährden. Der Dienststellenleiter hatte den Auftrag der Zentrale abge-lehnt. Er war sich über seine Ziele im Klaren.

Eine lokale FBI-Dienststelle hat vielfältige Aufgaben. Das FBI bildet unter anderem Polizisten aus, klärt Kinder über die Gefahren des Inter-nets auf, sprengt Straßenbanden, schleust V-Leute in Drogenkartelle ein, legt bestechlichen Beamten das Handwerk, kommt Terrorzellen auf die Spur und jagt Spione. Das alles geht nur mit Unterstützung der jeweiligen Einwohner und erfordert Vertrauen und Respekt und, wenn es sich um Verbrechen oder Angriffe auf die innere Sicherheit handelt, Überläufer, die sich auf die Seite der Guten stellen wollen. Im Groß-raum Miami lebt über eine Million Kubaner. Wenn jemand in einer Einsatzweste, auf der FBI stand, Elián den Händen seiner Angehörigen entriss, um ihn an das Castro-Regime auszuliefern, würde diese Million Kubaner dem nächsten FBI-Agenten, der bei ihnen klingelte, die Tür vor der Nase zuschlagen. Unser Dienststellenleiter wandte sich direkt an die Justizministerin.

Janet Reno war zum Glück eine Vertraute des FBI Miami. Sie stammte aus Florida und kehrte, sowie sie sich in Washington freimachen konnte, in unsere Gegend zurück. Dann wohnte sie noch im selben einfachen Landhaus, das ihre Mutter in der Nähe der Everglades gebaut hatte. Das FBI ist nur bei zwei hohen Beamten für den Personenschutz zuständig. Einmal stellt es die Leibwache für seinen eigenen Director, und zweitens die für den Justizminister. In Washington gibt es eine eigene Einheit, die den jeweiligen Amtsinhaber im Justizministerium und auf Dienstreisen beschützt. An den Wochenenden und Feiertagen, wenn Janet Reno nach Florida kam, waren hauptsächlich wir für ihre Sicherheit zuständig. Die Agenten arbeiteten gerne für die zugängliche, freundliche und ruhige Dame aus den Everglades, und sie ließ sich gerne von ihnen beschützen.

So kamen mein Chef und sie jetzt zu einem freundschaftlichen Kompromiss. Das FBI würde der Einwanderungsbehörde bei der Logistik und Kommunikation behilflich sein und es taktisch einweisen und ihr als Basislager dienen. FBI Miami würde sich außerdem bereithalten, falls der Einsatz des INS schiefging und eventuell verletzte oder in eine Falle geratene Agenten der Einwanderungsbehörde vom FBI-Überfallkommando geborgen werden mussten. Zusätzlich würden wir einen Einsatzplan für den Schutz unseres eigenen Büros und anderer Gebäude der US-Bundesregierung für den Fall erstellen, dass nach dem Zugriff auf Elián Unruhen in der Stadt ausbrachen. Die Justizministerin war einverstanden.

Reno und ihr Stellvertreter Eric Holder hielten John Podesta, den Stabschef des Weißen Hauses, auf dem Laufenden, und der gab die Meldungen an Präsident Clinton weiter. Es dauerte wirklich die ganze Nacht, aber die Einwanderungsbehörde hatte Erfolg. Die Bilder der INS-Agenten, die einen verängstigten kleinen Jungen aus den Armen seiner Angehörigen rissen, gingen um die Welt. Die Unruhen begannen gerade erst, aber dem FBI war es gelungen, sich herauszuhalten. Klarheit über die eigene Identität und den eigenen Auftrag kann genauso wichtig sein wie das Wissen, wer man nicht ist und was man nie tun sollte.

Der stellvertretende Polizeichef von Miami, der gut mit dem FBI zusammenarbeitete, wusste genau, wozu seine kubanischstämmigen Beamten bereit waren und wozu nicht. In der Nacht sagte er in unserer Einsatzzentrale offen, dass die Beamten, die das Haus von Eliáns Angehörigen abriegelten, die INS-Agenten nicht durchlassen würden. Um diese Blockade aufzuheben, bot er sich selbst als Opfer an. Er war sicher, dass die Leute der Einwanderungsbehörde nur dann durchkämen, wenn er selbst in voller Uniform gut sichtbar auf dem Beifahrersitz des INS-Transporters mitfuhr und seinen Beamten persönlich befahl, das Fahrzeug passieren zu lassen.

Um zu begreifen, wie mutig dieser Schritt war, muss man Miami kennen.

Der stellvertretende Polizeichef der Stadt wusste, dass seine Laufbahn damit zu Ende war. Bürgermeister Joe Carollo stammte selbst aus Kuba und hatte für Eliáns Verwandte in Miami Partei ergriffen. Gemeinsam mit anderen Amtskollegen in Dade County hatte er sich offen gegen die Bundesbehörden aufgelehnt, indem er erklärte, die städtischen Ämter würden den Bundesagenten nicht helfen, wenn sie Elián aus der Obhut seiner Verwandten nahmen und ihn nach Kuba brachten. Der stellvertretende Polizeichef informierte seinen Chef über unsere Planungen, und Ersterer war so klug, den Bürgermeister darüber im Dunkeln zu lassen. Nach dem Zugriff der Einwanderungsbehörde brach unter den mehreren tausend Demonstranten auf der Calle Ocho in Little Havana die Hölle los, und dreihundert von ihnen wurden festgenommen. Kaum einen Tag später verlangte Bürgermeister Carollo vom Verwaltungschef der Stadt die Entlassung des Polizeichefs, weil der ihn nicht über den bevorstehenden Zugriff informiert hatte. Der Verwaltungschef weigerte sich, woraufhin er von Bürgermeister Carollo auf einer überfüllten Stadtratssitzung selbst gefeuert wurde.

Der Polizeichef, ein erfahrener Beamter mit 25 Dienstjahren, erklärte auf einer Pressekonferenz am Morgen danach, er könne nicht länger unter Carollo arbeiten. Sein Stellvertreter, ebenfalls seit einem Vierteljahrhundert bei der Polizei, trat zurück. Er war zwar kein FBI-Beamter, aber an diesem Osterwochenende setzte er das Motto des FBI wirklich um: Fidelity, Bravery, Integrity – Treue, Mut, Integrität. Diese beiden Polizeibeamten wussten, dass sie ihre Treue der Herrschaft von Recht und Ordnung und nicht einem Politiker schuldeten. Ich würde sagen, sie hatten Klarheit über ihr Ziel.

Klarheit bringt uns im Leben dreierlei: Erstens ermöglicht sie es, uns darauf zu konzentrieren, was für uns selbst, unsere Familie und unsere Organisation am wichtigsten ist, zweitens ermöglicht sie Menschen und Teams, gemeinsame Ziele erfolgreich umzusetzen und drittens sagt sie uns, wann es Zeit ist aufzuhören.

KONSEQUENZEN (CONSEQUENCES)

Das Überraschungsmoment ist beim Zugriff eines Überfallkommandos ein wichtiger Erfolgsfaktor, aber ein katastrophaler Fehler, wenn man jemanden bestrafen muss. Auch Eltern, deren Kinder sich auf dem Rücksitz nicht benehmen können, warnen die ungezogenen Gören zunächst: »Wenn ihr nicht aufhört, halte ich an und schimpfe mit euch.« Willkürliche und unberechenbar angewandte Strafmaßnahmen dagegen untergraben die Einhaltung der Vorschriften, die Glaubwürdigkeit des Vorgesetzten und sind auch einfach ungerecht. Die Methode »Er wusste gar nicht, wie ihm geschah« beendet zwar vielleicht das unerwünschte Verhalten im Einzelfall, unterwandert aber langfristig die Loyalität. Der Vorgesetzte muss die Konsequenzen eines Fehlverhaltens im Voraus festlegen und bekannt geben, ob er jetzt Firmenchef, Schulleiter oder FBI-Director ist. Beim FBI führt die Abteilung für Interne Ermittlungen (Office of Professional Responsibility, OPR) den Katalog möglicher Strafrahmen für Verstöße gegen den Verhaltenskodex und sorgt für seine Bekanntmachung. Dadurch wissen sowohl die Entscheider wie die Mitarbeiter, was sie zu erwarten haben, wenigstens im Prinzip.

Wir wissen alle, dass unsere Handlungen Konsequenzen nach sich ziehen, aber nur wenige wollen diese Folgen tragen, wenn sie negativ sind. Ein Verhaltenskodex ohne Konsequenzen ist allerdings bloße Dekoration, weil er, wenn er nicht durchgesetzt wird, zu einer Heuchelei wird, die Ihre gesamte Tätigkeit untergräbt. Es genügt nicht, sich zu wünschen, dass der Kodex befolgt wird. Man muss den Leuten deutlich machen, dass sie einen Preis bezahlen werden, wenn sie das Wohl der

Allgemeinheit, in diesem Fall ihrer Kollegen, gefährden. Konsequenzen geben dem Verhaltenskodex Biss, und jeder muss seinen Teil dazu beitragen, dass es dabei bleibt. Glauben Chefs und Mitarbeiter, Konsequenzen seien unbequem, unangenehm und die Zuständigkeit anderer, ist der Kodex wirkungslos und letztlich wird sich die Gruppe auflösen.

In vielen Organisationen, besonders in Firmen, ist der Verhaltenskodex absichtlich vage gehalten. Chefs sagen oft, sie möchten gerne frei entscheiden können, welche Strafe in einem konkreten Fall angemessen ist, und sie könnten nicht jedes Fehlverhalten voraussehen, aber der Rahmen für Disziplinarstrafen muss gar nicht bis ins Letzte festgelegt sein oder jeden möglichen Fall im Voraus berücksichtigen. Beim FBI ist der Ermessensspielraum des Disziplinarvorgesetzten für ein gegebenes Fehlverhalten ziemlich groß. Fährt ein Agent betrunken Auto, kann das je nach Schwere des Falls mit dreißig Tagen Suspendierung, aber auch mit der Kündigung geahndet werden.

Am 23. November 1999 kippte sich ein Agent der Dienststelle Miami, der noch in der zweijährigen Probezeit war, fast einen ganzen Krug Bier hinter die Binde, während er in einer Bar einer Football-Übertragung zuschaute. Anschließend wollte er heimfahren. Gegen zwei Uhr nachts klingelte das Telefon auf meinem Nachttisch. Nächtliche Anrufe waren für einen stellvertretenden Dienststellenleiter wie mich nicht ungewöhnlich, besonders in Miami, und sie bedeuteten nie etwas Gutes – eine ungeplante taktische Operation oder eine Entführung zum Beispiel. Schon nach wenigen Monaten, die ich auf diesem Posten war, hatte sich meine Frau eine automatische Reaktion angewöhnt; halbwach nahm sie ihr Kissen und schlurfte die Treppe hinauf ins Gästezimmer.

Die Stimme am anderen Ende der Leitung gehörte diesmal der Koordinatorin des Employee Assistance Program (EAP) beim FBI Miami, einem Hilfsprogramm für unsere Agenten und andere Mitarbeiter. Der Chef habe sie angewiesen, mit mir zusammen zur Adresse eines Agenten zu fahren, seine Lebensgefährtin zu informieren, dass er einen Autounfall gehabt habe, und sie zum North Broward Medical Center zu bringen, wo der Chef uns erwarten würde. Als ich die EAP-Koordinatorin fragte, wie es dem Agenten gehe, meinte sie, er sei leicht verletzt davongekommen, aber im anderen Wagen habe es Tote gegeben. Jetzt war ich hellwach.

Kurz nachdem er die Bar verlassen und auf die Interstate 95 gefahren war, stieß der Agent mit dem Wagen des 23-jährigen Maurice Williams, eines Jugendpfarrers, und seines 19-jährigen Stiefbruders zusammen, die vermutlich von einer Chorprobe nach Hause fuhren. Der FBI-Agent war ein Weißer, die beiden Unfalltoten Schwarze. Williams engagierte sich in der Jugendarbeit und träumte davon, eine eigene Gemeinde zu gründen. Sein Stiefbruder Craig Chambers studierte Informatik und wollte Programmierer werden. Die Ermittler der Autobahnpolizei kamen zunächst zu dem Schluss, die beiden Brüder seien als Geister-fahrer in der falschen Richtung unterwegs gewesen, zogen diesen Befund aber nach einem Monat angesichts immer stärkerer Zweifel und Empö-rung in der Bevölkerung zurück und baten um Entschuldigung. Weder Williams noch Chambers hatten Drogen oder Alkohol im Blut, wäh-rend zwei Blutproben des FBI-Agenten ergaben, dass er die Promille-grenze um fast das Doppelte überschritten hatte.

Der Agent wurde daraufhin des fahrlässigen Totschlags angeklagt, aber nach einer zwanzigtägigen Verhandlung konnten sich die Geschwo-renen auch nach zweieinhalb Tagen Beratung nicht einigen, ob er oder die beiden Brüder den Unfall verschuldet hatten. Drei Jahre nach dem tödlichen Zusammenstoß wurde der Agent von den Geschworenen lediglich der Führung eines Fahrzeugs unter Alkoholeinfluss für schul-dig befunden, einer Ordnungswidrigkeit. Das Gericht verhängte eine dreimonatige Freiheitsstrafe. Die Schwarzen der Gegend initiierten da-raufhin Verkehrsblockaden durch absichtliches Langsamfahren, um gegen die ihrer Meinung nach zu milde Strafe zu protestieren.

Während die ordentlichen Gerichte drei Jahre für ihre Urteilsfin-dung brauchten, hatte das FBI schon nach fünf Monaten seine umfas-sende Untersuchung abgeschlossen und über das Schicksal des Agenten entschieden. Der Dienststellenleiter rief mich zu sich, als das Kündi-gungsschreiben für den Agenten aus der Zentrale mit der Post kam. Ich dachte erst, er wolle mir die unangenehme Aufgabe übertragen, dem

Agenten das Schreiben persönlich zu übergeben, aber von früheren Fällen her hätte ich mir denken können, dass das nicht sein Stil war. Er sagte vielmehr: »Wir gehen beide zu ihm. Die schlechteste Nachricht muss der Chef selbst bringen.« Auch das ist Teil des FBI-Kodex.

Nach den harten Maßstäben des FBI kam es nämlich nicht darauf an, ob der Agent auf der Interstate 95 zum Geisterfahrer geworden war und ob er den tödlichen Unfall verschuldet hatte. Er wurde für das FBI zum »Geisterfahrer«, als er dessen Vorschriften verletzte, indem er sich betrunken ans Steuer setzte. Der Tod der beiden jungen Männer kam als erschwerender Umstand hinzu und machte aus einem Verstoß, der wohl mit einer dreißigtägigen Suspendierung abgetan worden wäre, einen Vorfall, der zur Entlassung führte. Dass der Agent zur Zeit des Vorfalls noch in der Probezeit war, beschleunigte die disziplinarische Aufarbeitung des Vorfalls und half dem FBI so, den Schaden im öffentlichen Ansehen abzufedern. Williams und Chambers konnten wir nicht wieder lebendig machen, wohl aber das Vertrauen der Bevölkerung zurückgewinnen.

Agenten und Vorgesetzte im FBI erlangen mit der Zeit große Erfahrung, die möglichen Konsequenzen taktischer und strategischer Optionen im Voraus abzuschätzen. Von einem Drogenkauf beim Straßendealer bis hin zu den geopolitischen Nachwirkungen der Ausweisung eines als Spion enttarnten ausländischen Diplomaten – man lernt, die möglichen Entscheidungen und ihre Folgen in Form von Baumdiagrammen der Form »Wenn A passiert, dann folgt B daraus« zu durchdenken. Diese Art, sozusagen um die Ecken zu schauen, gibt es in vielen Branchen, aber beim FBI sind die Konsequenzen streng, wir schrecken auch dann nicht zurück, wenn die Folgen wehtun. Manche Firmen oder Führungspersönlichkeiten neigen dagegen dazu, nichts zu unternehmen, was persönlich oder beruflich nachteilige Folgen hat. Ein Pharmakonzern, der ein Schmerzmittel nicht vom Markt nimmt, wenn sich herausstellt, dass es stark süchtig macht, geht den Konsequenzen – in diesem Verfall dem Umsatzverlust – aus dem Weg und entscheidet sich für Profit statt Integrität. Beim FBI dagegen fallen Entscheidungen oft trotz der Konsequenzen, nicht um ihnen zu entgehen. Lassen Sie mich das mit einem Beispiel illustrieren, das den Entscheidern viel abverlangte:

Die verstörende Aufzeichnung eines unserer Abhörmikrofone brachte das FBI dazu, eine seiner geheimen Terrorabwehrermittlungen selbst auffliegen zu lassen, um der höheren Pflicht zu genügen. Am 6. November 1989 wurde ein 16-jähriges palästinensisches Mädchen in St. Louis von seinen eigenen Eltern in der Küche erstochen. Es handelte sich um einen sogenannten »Ehrenmord« unter Muslimen, weil die Tochter einen nichtmuslimischen Freund hatte und außerdem die Frechheit besaß, einen Teilzeitjob anzunehmen. Allerdings konnten die Eltern nicht wissen, dass das FBI mit richterlicher Genehmigung im Rahmen einer Antiterrorermittlung ihre Wohnung abhörte. Die entsetzlichen Schreie der Tochter und die nicht wiederzugebenden Äußerungen ihrer Eltern wurden vom FBI ohne ihr Wissen aufgezeichnet.

Weil in diesem Fall keine unmittelbare Gefahr eines Anschlags drohte, wurden die Bandaufzeichnungen nicht »live« abgehört, sondern erst später. Die Geräusche des Mordes, den ein Vater und eine Mutter an ihrer eigenen Tochter begehen, sind das schlimmste Tondokument, das ich je gehört habe. Wir bekamen es im Rahmen eines Sonderkurses für Terrorabwehr vorgespielt. Die Teilnehmer sollten nicht nur mit der Ideologie des »Ehrenmordes« vertraut werden, sondern auch eine ethische Lektion erhalten. Der Ausbilder fragte uns, eine Gruppe Agenten im Außeneinsatz, wie wir reagieren würden, wenn wir bei einem geheimen Lauschangriff Zeuge eines Mordes würden – ein Verbrechen, für das das FBI als Bundesbehörde in den USA nicht zuständig ist –, und wenn die Anzeige dieses Mordes die Ermittlungen gegen eine komplette Hamas-Zelle zunichtemachten. Aus der Gruppe kamen einige schwache Versuche, sich Optionen auszudenken, aber wir wussten alle, dass es nur eine richtige Antwort gab: die Geheimhaltung der Aufzeichnung aufzuheben, sie an die zuständige Polizei weiterzugeben und die Antiterror-Ermittlungen aufzugeben.

Dabei muss man bedenken, dass dieses reale Beispiel in anderen Ländern oder vielleicht sogar anderen US-Behörden anders gehandhabt würde. Es gäbe durchaus Alternativen zur Aufgabe unserer Ermittlungen, besonders für eine Behörde, die nach anderen Maßstäben als das FBI arbeitet. Man könnte der zuständigen Polizei einen anonymen Hinweis geben oder mit der Bandaufzeichnung die Eltern erpressen und zu Doppelagenten gegen die Hamas machen. In einer Kultur ohne Moral und ohne Recht und Ordnung könnte ein Geheimdienst sogar die Aufzeichnung der Hamas-Führung zukommen lassen, in der Hoffnung, sie würde die mörderischen Eltern als Belastung ihrer Organisation selbst beseitigen lassen, die ganze Zelle auflösen oder ihre Mitglieder umbringen. Wäre das nicht eine Lösung aller Probleme?

Für eine Behörde, die für die Einhaltung unserer Gesetze sorgen und die amerikanische Verfassung verteidigen soll, kommen solche Optionen allerdings nicht infrage. Sie hätten auf höherer Ebene, für das kollektive Gewissen des FBI, viel schlimmere Folgen als das Scheitern einer einzigen Antiterrorermittlung, weil geheime Aufzeichnungen an die Polizei weitergegeben wurden. Es gab andere Mittel, diese Hamas-Zelle unschädlich zu machen, aber es gab nur einen Weg, die Eltern, die ihre Tochter ermordet hatten, zur Rechenschaft zu ziehen. Nun werden Sie wohl nie in die heikle Lage kommen, zwischen der Enttarnung einer Terrorzelle und der Lösung eines Mordfalls wählen zu müssen, aber bestimmt einmal vor der Entscheidung stehen, das Richtige oder das Einfache zu tun. Vielleicht werden Sie versucht sein, das Einfache damit zu rechtfertigen, der Zweck heilige die Mittel. Tun Sie das nicht, Sie werden es bereuen. Das FBI jedenfalls entschied sich, die geheime Aufzeichnung an die Polizei weiterzugeben, und zwei Jahre nach der Tat, 1991, wurden Zein Isa und seine Frau Maria wegen Mordes an ihrer Tochter Tina verurteilt. Letztlich mussten sie doch noch die Konsequenzen ihres unverzeihlichen Verbrechens tragen.

Manchmal stoßen wir bei der Arbeit, in der Politik, im Umgang mit Menschen oder ganz allgemein auf eine Lücke im Verhaltenskodex und seinen Konsequenzen, und denken: *Das geht so nicht, jemand sollte etwas dagegen unternehmen.* Sehr wahrscheinlich ist es dann an uns selbst, etwas zu unternehmen. In meiner Dienstzeit beim FBI habe ich immer wieder erlebt, dass die bestehenden Gesetze mit einer neuen Art Verbrechen nicht Schritt hielten, mit der wir es draußen zu tun bekamen. Zum Beispiel gab es in den 1990er-Jahren noch so gut wie keinen rechtlichen Schutz gegen Wirtschaftsspionage und Diebstahl von Firmengeheimnissen. Ermittlungen zum Schutz von Computerfirmen im Silicon Valley enthüllten immer öfter regelrechte Raubzüge, die die traditionelle Mantel-und-Degen-Spionage ersetzt hatten. Wollte man aber den Diebstahl einer Formel oder von Forschungsergebnissen, die potenziell Millionen Dollar an zukünftigem Umsatz wert waren, mit einem Gesetz ahnden, war das oft so, als verfolgte man den Raub eines Rembrandt-Gemäldes aus einer Kunstgalerie als Ladendiebstahl. Die Strafen genügten der Schwere des Vergehens nicht.

Ein Fall, den wir im kalifornischen Palo Alto bearbeiteten, zeigt beispielhaft, wie sehr die IT-Branche damals unter einer Gesetzlosigkeit litt, die an den Wilden Westen erinnerte. Ein Programmierer namens Guillermo »Bill« Gaede, der für Advanced Micro Devices (AMD) in Santa Clara arbeitete, gab geheime Halbleitertechnologie an das kubanische Regime weiter. Später wechselte er zur Intel Corporation, wo er in einer Niederlassung in Arizona beschäftigt war. Intel stellte den weitverbreiteten Pentium-Chip her, der damals in fast jedem PC zu finden war. Der Pentium war das Kronjuwel der Intel Corporation, und Gaede war jetzt im Juwelierladen angestellt. Dieser Raubzug konnte nur von einem Insider durchgeführt werden.

Für den Hightech-Diebstahl bediente sich Gaede einer Lowtech-Methode: Weil er zu Hause an einem Intel-Terminal arbeitete, konnte er unbeobachtet eine große Videokamera aufbauen und den unscharfen Monitor des Terminals abfilmen, während er durch die geheimen Unterlagen scrollte, die zeigten, wie man einen Pentium-Chip herstellte. Anschließend setzte er sich nach Südamerika ab, im Gepäck eine Videokassette, die vielleicht zwei Dollar gekostet hatte, aber jetzt die wertvollsten Geheimnisse der Computerbranche enthielt. Später sagte Gaede öffentlich, er habe die Baupläne des Chips, Betriebsgeheimnisse seines Arbeitgebers, in Lateinamerika an Vertreter chinesischer und iranischer Interessenten verkauft. Als wir erfuhren, dass Gaede wieder auf dem Heimweg nach Mesa, Arizona, war, informierten wir das FBI in

Phoenix und nahmen den nächsten Flug dorthin. Den Spion hatten wir entlarvt, jetzt brauchten wir nur noch ein Gesetz, nach dem wir ihn anklagen konnten.

Das US-Strafgesetzbuch war 1995 noch nicht auf dem Stand der Zeit, was die Diebstähle von Betriebsgeheimnissen anging, die immer häufiger geschahen. Wir berieten uns mit dem US-Bundesanwalt und gruben schließlich den Interstate Transportation of Stolen Property Act als beste Option aus. Das war ein ziemlich altes Gesetz, mit dem seinerzeit das Problem bekämpft werden sollte, dass Autodiebe mit gestohlenen Fahrzeugen in einen anderen Bundesstaat fuhren, um sich der Strafverfolgung zu entziehen. Das Gesetz konnte allerdings nur angewandt werden, wenn der Wert der gestohlenen Güter 5000 Dollar überstieg. Wir durften zwar davon ausgehen, dass die bestohlenen Firmen den Wert ihres Kerngeschäfts mit mehr als fünf Riesen ansetzen würden, aber es gab keine Präzedenzfälle für die Festlegung des Streitwerts geistigen Eigentums in einem Strafverfahren. Schlimmer noch, es gab nicht einmal Präzedenzfälle für geistiges Eigentum als Diebesgut in einem Strafverfahren. Es konnte uns passieren, dass Gaede für den Diebstahl der Pentium-Technologie nur die zwei Dollar bezahlen musste, die er für die Videokassette ausgegeben hatte.

An einem Samstagvormittag im September flog ich mit den beiden Agenten, die den Fall bearbeiteten, nach Phoenix zu einem Termin bei dem US-Bundesrichter, der an diesem Wochenende Notdienst hatte. Er empfing uns zu Hause in seinem kleinen Wohnzimmer. Wir warteten ab, bis er unsere Anklageschrift sorgfältig durchgelesen hatte. In ihr schilderten wir den Diebstahl von Firmengeheimnissen von zwei der größten amerikanischen Computerunternehmen durch einen aus dem Ausland stammenden angeheuerten Spion. Er ging das alte Autodiebstahl-Gesetz durch, blickte sich abwesend im Zimmer um, wackelte langsam mit dem Kopf und las noch einmal die Anklageschrift. Dann unterschrieb er den Haftbefehl für Gaede.

Bald darauf konnten wir unserem Verdächtigen die Handschellen anlegen, und er bekam tatsächlich eine Freiheitsstrafe – 33 Monate in einem Bundesgefängnis. Das war allerdings nur ein Klaps auf die Finger für den möglicherweise schweren Schaden, den er der Computerbranche in den USA zugefügt hatte. Zwei äußerst begabte FBI-Agenten und ein hartnäckiger Bundesanwalt schufteten ununterbrochen, um die Verurteilung Gaedes durchzusetzen. Von den geringen Konsequenzen seiner Tat waren alle Beteiligten enttäuscht. Aber unser Fall war in der Washingtoner FBI-Zentrale nicht unbemerkt geblieben. Ein Mitarbeiter von Director Louis Freeh meldete sich bei mir. Freeh hatte sich die dringende Aufgabe zu eigen gemacht, etwas gegen die Gesetzeslücke beim Diebstahl von Betriebsgeheimnissen, zumal für eine fremde Staatsmacht, zu unternehmen. Er hatte erkannt, dass die Strafe nie dem Verbrechen entsprechen kann, solange das Verbrechen nicht einmal einen Namen hat. Es war an der Zeit, das zu ändern.

Das FBI ist nicht befugt, sich für bestimmte Gesetzgebungsvorhaben einzusetzen, aber das hieß nicht, dass wir nicht die richtigen Lobbyisten auftreiben und diese zum Gesetzgeber, also den Abgeordneten, schicken konnten. Die Zentrale beauftragte mich, die Chefs der wichtigsten Silicon-Valley-Unternehmen persönlich aufzusuchen und in Einzelgesprächen zu überreden, bei einer Anhörung vor einem Kongressausschuss auszusagen. Das würde nicht leicht werden. Ich sollte mächtige Firmenchefs dazu bringen, öffentlich einzugestehen, dass ihr Unternehmen in eine von zwei Kategorien fiel – entweder war es schon ausspioniert worden und es war bekannt, oder es war ausspioniert worden und die Firma wusste es nicht. Das konnte den Aktienkurs schwächen, den Zorn der Anteilseigner erregen und zu Fragen im Aufsichtsrat führen. Manchmal hat es unangenehme Folgen, wenn man das Richtige tut. Die Zentrale sagte mir, wenn ich einige CEOs zusammentrommeln könnte, würde sie für eine Anhörung auf dem Capitol Hill sorgen. Ich hatte meinen Marschbefehl.

Mein erster Gesprächspartner war allerdings kein CEO. Ich wusste, dass ich diesen mächtigen Ikonen, wenn ich sie überzeugen wollte, ein Risiko für ihre Unternehmen einzugehen, die Entscheidung erleichtern musste. Sie mussten sicher sein können, dass sie etwas davon hatten, wenn sie sich auf den weiten Weg nach Washington machten, als Opfer von Wirtschaftsspionage aussagten und den Ruf ihres Unternehmens aufs Spiel setzten. Kein Boss will vom Aufsichtsrat oder den Aktionären als Verlierer gebrandmarkt werden. Ich musste ihnen vermitteln, dass ihre Aussage tatsächlich zu einem neuen, verschärften Gesetz gegen Industriespionage beitragen würde. Daher suchte ich Zoe Lofgren auf, die für Silicon Valley zuständige Abgeordnete des US-Repräsentantenhauses. Sie verstand nicht nur die Notwendigkeit, die Gesetzeslücke zu schließen, sondern versprach mir, einen Gesetzentwurf einzureichen, der die Einkünfte ihrer Wähler in der IT-Branche schützen würde.

Lofgrens Unterstützung erwies sich als entscheidend, als ich dann einige der bekanntesten Köpfe im Silicon Valley besuchte. Meine Strategie war, die angesehensten unter ihnen zuerst an Bord zu holen. Ich verzichtete, um nicht aufzufallen und keine Neugierde zu wecken, sogar auf meine gewohnte Arbeitskleidung – Anzug und Krawatte – und warf mich in Jeans und Turnschuhe. Diese geschickte Tarnung versagte allerdings völlig. Bei jedem einzelnen Termin steuerte die Chefsekretärin, die mich abholen sollte, in einer überfüllten Eingangshalle unfehlbar auf mich zu und meinte: »Sie müssen der Typ vom FBI sein.« Nicht gerade ein diskreter Empfang, aber trotzdem hatte ich bei jedem Termin Erfolg. Es war nicht leicht; die CEOs trugen mir alle Gegenargumente vor, wie ich es vorhergesehen hatte. Aber wenn sie hörten, dass auch ihre Kollegen von anderen Unternehmen mit an Bord waren und die Abgeordnete ihres Wahlkreises einen Gesetzentwurf vorlegen würde, waren sie alle bereit, nach D.C. zu fliegen.

Der Economic Espionage Act, das Wirtschaftsspionagegesetz, wurde 1996 vom Kongress verabschiedet. Mit dem neuen Gesetz konnte die US-Bundesregierung den vorsätzlichen Diebstahl, das Kopieren und die Verwendung geschützter Betriebsgeheimnisse durch Einzelpersonen, Organisationen und Firmen wirkungsvoll ahnden. Die Konsequenzen entsprachen jetzt der Schwere des Vergehens – bis zu zehn Jahre Haft und Geldstrafen bis zu einer halben Million Dollar bei Einzeltätern. Wurde eine Firma des Diebstahls von Betriebsgeheimnissen schuldig befunden, musste sie eine Strafe von bis zu fünf Millionen Dollar oder dem dreifachen Wert des Betriebsgeheimnisses zahlen – je nachdem, welche Summe höher war. Wichtig war, dass Wirtschaftsspionage im

Auftrag einer ausländischen Regierung mit bis zu 15 Jahren Haft und der doppelten Geldbuße bestraft wurde. Das alles gehörte zum Prinzip des FBI: Jederzeit faire und gerechte Konsequenzen durchzusetzen, ob es um Bundesgesetze, Bürgerrechte oder Menschenleben ging.

Wir alle sollten uns dem Prinzip fairer und gerechter Konsequenzen verschreiben, im Privatleben und in der Öffentlichkeit. Dafür müssen Sie vielleicht Ihren Verhaltenskodex ändern, um auf unerwartete Verhaltensweisen zu reagieren, oder Konsequenzen einführen, wo es bisher keine gab. Um das durchzuziehen, muss man stets auf seine Werte achten, ob als Einzelperson, als Organisation oder als Staat.

Im FBI wogen wir ständig Konsequenzen gegeneinander ab und dachten sie anhand aller verfügbaren Daten bis in die zweite oder dritte Ableitung durch. Oft ging es dabei um Leben und Tod. Soll das Sondereinsatzkommando das Haus, in dem sich die Täter mit ihren Geiseln verschanzt hatten, jetzt stürmen, oder warten, bis wir genau wissen, wo sich die einzelnen Geiseln im Gebäude befinden? Wie viele Stunden liegen die Beamten jetzt bewegungslos im Regen, und wie lange können wir sie noch ausharren lassen, bis ihre Handlungsfähigkeit leidet? Manchmal, und nach dem 11. September 2001 sogar ziemlich regelmäßig, musste die Führung des FBI sogar entscheiden, ob heute der Tag war, an dem ein entlarvter feindlicher Kämpfer in Übersee vor Allah treten würde. Die Konsequenzen solcher Entscheidungen waren buchstäblich tödlich.

Vielleicht halten Sie die Entscheidung, einen Terroristen unschädlich zu machen, für ein bisschen zu extrem als Beispiel für die Konsequenzen unerwünschten Verhaltens. Es soll aber nur daran erinnern, dass wir klar, angemessen und entschlossen auf jede Bedrohung unseres Verhaltenskodex reagieren müssen. Eine Familie, ein Unternehmen oder ein Land, die sich scheuen, angedrohte Konsequenzen auch durchzuführen, müssen damit rechnen, dass die Grenzen, die sie ziehen, immer weiter getestet und schließlich durchbrochen werden. Kommt es so weit, ist das Wohlergehen der Gemeinschaft gefährdet.

MITGEFÜHL (COMPASSION)

Bei Disziplinarverfahren musste ich als Leiter einer OPR-Einheit oft schwere Entscheidungen treffen. Viele hundert solcher Fälle gingen durch meine Hände, nachdem ich als Dienststellenchef und Abteilungsleiter in der Zentrale zur Führungsriege des FBI gehörte. Ich erinnere mich noch an die meisten und daran, wie wichtig das Mitgefühl bei meinen Entscheidungen war. Am lebhaftesten wird mir immer der FBI-Beamte im Gedächtnis bleiben, der seine Frau mit den Kindern in die Innenstadt fuhr, um Heroin für seine Frau aufzutreiben. Ja, Sie lesen richtig, ein FBI-Agent fuhr mit seiner Frau und den Kindern in die Innenstadt, um Heroin zu kaufen. War es sicher, dass ihn das FBI entließ?

Ich definiere Mitgefühl als Nachfühlen der Hilfsbedürftigkeit eines Mitmenschen mit dem Wunsch, Hilfe zu leisten. Als wir herausfanden, wie hilfsbedürftig diese FBI-Familie war, regte sich unser Mitgefühl. Der Bericht unserer internen Ermittler beschrieb einen Albtraum. Die Frau kämpfte schwer mit einer Heroinabhängigkeit, von der kaum jemand oder gar niemand wusste. Ihr Mann, ein FBI-Agent, fürchtete Nachteile für seinen Ruf und seine Aufstiegschancen, und schämte sich so sehr, so dass er die für solche Fälle eingerichtete Hilfeleistung des FBI nicht in Anspruch nahm. Stattdessen jonglierte er mit der Drogentherapie seiner Frau, der Tagesmutter für die Kinder und endlosen Überstunden an wichtigen Fällen. Der Balanceakt, das alles gleichzeitig zu stemmen, brach zusammen, als er unerwartet als Verstärkung zu einem dringenden Einsatz gerufen wurde und gleichzeitig die Tagesmutter absagte. Seiner Frau ging es sehr schlecht – sie litt unter den Symptomen eines aktuellen Entzugsversuchs –, sie konnte nicht einmal für sich selbst sorgen, geschweige denn für die Kinder. Verwandte und Nachbarn waren nicht erreichbar. Die panische Suche nach einer Lösung, mit der er sich um seine Familie kümmern konnte, ohne die Kollegen im Stich zu lassen, trieb ihn zu einer Verzweiflungstat.

Er packte die kranke Frau und die erstaunten Kinder ins Auto und fuhr in die Innenstadt, um für seine Frau den Schuss Heroin aufzutreiben, der sie über den Tag retten würde. Mit ihrer Hilfe fanden sie schließlich einen Dealer, kauften die Droge und fuhren nach Hause zurück. Es war ein Pakt mit dem Teufel. Die Ehefrau würde unter der Wirkung der Droge zwar benommen, aber wach genug sein, um ein Auge auf die Kinder zu haben, bis ihr Mann irgendwann spätabends wieder zurückkam. Allerdings war an dem Drogenkauf auch ein Informant der Polizei beteiligt gewesen, ohne dass der Agent davon gewusst hatte. Dieser zeigte den Deal an. Die Ermittler für Disziplinarfälle sahen sich die Geschichte an. Der Agent traf eine schwere Fehlentscheidung unter starker nervlicher Belastung. Als die Ermittlungsakte in unserer Einheit ankam, die für die Urteilsfindung zuständig war, steckte einer unserer besten Kollegen den Kopf in meine Bürotür: »Hey Boss, kleine Vorwarnung. Wir haben einen Agenten, der seine Frau zu einem Heroindealer gefahren hat.« Ich erwiderte so etwas wie: »Und wir feuern ihn, oder?«

Nein, wir feuerten den Mann nicht. Für den verzweifelten Ehemann und Vater sprach, dass er uns von Anfang die volle Wahrheit sagte, als wir ihn befragten. Wir vermittelten seiner Familie die Unterstützung des außergewöhnlich guten Sozialprogramms des FBI. Was nicht heißt, dass wir den Agenten nicht mit einer langen Suspendierung vom Dienst bestraften, aber wir schickten eben auch die Kavallerie. Das ist der FBI-Code – ein Kollege in Not gehört sozusagen zur Familie.

Mitgefühl ist beim FBI ein wesentlicher Bestandteil von Konsequenzen. Es sorgt für den notwendigen Ausgleich eines ansonsten knallharten Dienstvorgangs. So sicher sich die Mitarbeiter auch sein müssen, dass ihre Chefs rote Linien für das Verhalten gezogen haben, so sehr müssen sie auch darauf vertrauen können, dass diese Chefs sie als wertvolle Individuen behandeln. Deshalb verfolgt eine fähige Führungspersönlichkeit immer einen ganzheitlichen Ansatz, wenn sie Konsequenzen verhängen muss, indem sie die gesamte Vorgeschichte des Betroffenen berücksichtigt, den Hintergrund des Fehlverhaltens und die Fähigkeit des Mitarbeiters, sich anders zu verhalten.

Mitgefühl heißt aber auch, dass man erkennt, wenn das Fehlverhalten eines Angestellten auf eine nicht funktionierende Arbeitsumgebung zurückzuführen ist. Das FBI zögerte nicht, Konsequenzen zu ziehen, wenn sich herausstellte, dass Verhaltensweisen der Mitarbeiter auf ein Organisationsproblem der Abteilung hinwiesen. Als ich zuletzt die Stelle des FBI-Generalinspekteurs innehatte, untersuchten unsere Arbeitsgruppen sämtliche Schießereien mit Beteiligung von FBI-Agenten. Wenn sich negative Tendenzen zeigten, wurden Ratschläge oder korrigierende Ausbildungseinheiten für die Betroffenen entwickelt. Weil die Sondereinsatzkommandos des FBI immer häufiger zur Waffe greifen mussten, wenn sie mit einer Straßensperre einen gefährlichen Täter stoppen wollten, weil Täter die Barrikade unserer Dienstwagen durchbrachen, ordneten wir an, dass die Agenten lernten, wie man die Stoßstangen der Wagen ineinander verhakt, damit kein anderes Auto sie auseinanderdrücken konnte.

Im OPR kamen mir mehrere Fälle unter, in denen verdeckte Ermittler bei Bagatellvergehen wie Ladendiebstahl erwischt wurden. Psychologische Studien beschreiben bei verdeckten Ermittlern eine Art »Undercover-Syndrom« mit verschiedenen körperlichen und geistigen Symptomen, die durch die Belastung der verdeckten Arbeit entstehen. Lange verdeckte Einsätze lösen manchmal einen »Drang danach, geschnappt zu werden« aus, um das Schuldgefühl zu beschwichtigen, das den Ermittler überkommt, der sich regelmäßig wie einer der Bösen verhalten muss. Dies kann sogar bis zum Identitätsverlust führen, wenn ein verdeckter Einsatz so lange dauert, dass der Agent aus der Rolle, die er spielt, nicht mehr herausfindet. Das FBI hat diese Fälle untersucht und entwickelte Hilfsprogramme für seine verdeckten Ermittler, verbesserte die Auswahlkriterien für diese

Aufgabe und konnte so die mit langen verdeckten Ermittlungen verbundenen Risiken mindern.

Mitgefühl verleiht einem ansonsten kalten und gnadenlosen Vorgang Fairness. Gerechte Entscheidungen werden leichter akzeptiert, wenn diejenigen, die eine Disziplinarstrafe verhängen, nicht nur die Organisation kennen, sondern auch den betroffenen Menschen. Deshalb werden die Disziplinarrichter des FBI auch von erfahrenen Special Agents und Geheimdienstexperten unterstützt, die die Arbeit und das Leben der Beschuldigten aus eigener Erfahrung kennen. Der FBI-Code fordert Mitgefühl beim Verhängen von Strafen.

War das Mitgefühl eine wichtige Hilfe bei den Disziplinarermittlungen des FBI, so war es erst recht ein wichtiger Faktor im Umgang mit den Opfern der Verbrechen, in denen wir ermittelten. Noch heute ist die Victim Services Division (VSD) des FBI, eine Betreuungseinheit für Verbrechensopfer, verantwortlich dafür, dass sie Hilfsleistungen nach den Richtlinien des Justizministeriums zu Opfer- und Zeugenhilfe (Attorney General Guidelines on Victim and Witness Assistance) erhalten. Das VSD verwaltet die Opferhilfsprogramme (Victim Assistance Program, VAP) für alle 56 Dienststellen und das Ausland. Es unterhält Spezialisten an all diesen Orten, um die Opfer von Verbrechen, die in der Zuständigkeit des FBI liegen, zu unterstützen. Die VSD ist auch für die Ausbildung der Mitarbeiter im richtigen Umgang mit Verbrechensopfern verantwortlich.

Das FBI verfügt über mehrere spezielle Programme, über die kaum ein Amerikaner etwas weiß, weil die meisten US-Bürger sie zum Glück nie in Anspruch nehmen müssen. Sollten Sie aber jemals in eine solche Lage kommen, ist der FBI-Spezialist, der sich um Ihre Familie kümmert, das Rettungsboot auf stürmischer See. Das Terrorism and Special Jurisdictions Program bietet zum Beispiel nach Terroranschlägen Nothilfe für Verletzte und die Angehörigen von Todesopfern innerhalb wie außerhalb der USA und nennt ihnen einen dauerhaften Ansprechpartner beim FBI.

Das Hilfsprogramm für die Opfer von Kinderpornografie (Child Pornography Victim Assistance, CPVA) benachrichtigt und unterstützt die betroffenen Kinder und ihre Sorgeberechtigten. Einige US-Bundesgesetze sehen vor, dass die auf kinderpornografischen Bildern Dargestellten jedes Mal benachrichtigt werden müssen, wenn pornografisches Material von ihnen bei einer Ermittlung beschlagnahmt wird. Solche Benachrichtigungen können derartig häufig und zahlreich vorkommen, dass sie ein Opfer, das noch mit den Nachwirkungen des Erlittenen kämpft, überfordern. Um die Benachrichtigungen möglichst schonend zu gestalten, versucht die CPVA die Opfer möglichst selten persönlich zu kontaktieren und informiert sie durch ein zentrales, automatisches System.

Mit diesem System sorgt das FBI auch dafür, dass die Opfer über ihre Rechte und die Leistungen, die ihnen zustehen, informiert werden, wenn vor einem Bundesgericht ein Verfahren gegen deren Täter eröffnet wird. Es kommt dabei nicht darauf an, wie alt diese pornografischen Aufnahmen schon sind. Die CPVA übernimmt diese Aufgabe für alle Bundespolizeibehörden der USA und gemeinsam mit dem National Center for Missing und Exploited Children (NCMEC, einer Anlaufstelle für Fälle verschwundener und missbrauchter Kinder). Während meiner Dienstzeit erwies sich die Zusammenarbeit mit dem NCMEC als besonders wichtig, wenn wir feststellen mussten, ob neu aufgetauchte Kinderpornografie ein vermisstes Kind zeigte.

Mitgefühl spielte auch eine zentrale Rolle für den Fortschritt unserer Ermittlungen, weil die Opferhilfsprogramme auch bei der Befragung der Opfer helfen. Ein Kind muss man völlig anders befragen als einen Erwachsenen. Den Entwicklungsstand des kindlichen Verstands im jeweiligen Lebensalter zu verstehen ist entscheidend, um eine verwertbare Aussage von einem Kind zu erhalten, das Opfer oder Zeuge eines Verbrechens geworden ist. Man darf es dabei nicht erneut traumatisieren. Das Child Victim Services Program bietet Unterstützung, indem es investigative forensische Befragungen mit den Opfern durchführt und ihnen fachkundige Hilfe vermittelt. Dieses Team achtet darauf, dass jeder Kontakt der Bundesermittler mit Opfern oder Zeugen im Kindesalter die intellektuelle Reife berücksichtigt. Das ist nicht nur ein mitfühlender Ansatz, sondern auch sinnvoll, um gerichtsverwertbare Aussagen zu bekommen.

Das FBI überlässt die Betroffenen auch nicht einfach sich selbst, wenn ihr Fall abgeschlossen ist. Als Verbrechensopfer möchten Sie zum Beispiel vielleicht gerne wissen, wenn der Täter aus dem Gefängnis freikommt. Das FBI betreibt deshalb gemeinsam mit den US-Bundesanwaltsbüros und dem Federal Bureau of Prisons (der US-Bundesgefängnisverwaltung) das kostenlose, automatische Victim Notification System (VNS). Es ist auf Englisch und Spanisch verfügbar und versorgt Opfer von Verbrechen mit Informationen über Ermittlungsstand, erhobene Anklagen, zugelassene Anklagen, Gerichtstermine, Hafturlaub, Entlassung oder auch den Tod des Täters.

Aus eigener Erfahrung weiß ich, dass dieser fortlaufende Dialog mit den Opfern nicht nur aus menschlicher Perspektive das Richtige, sondern auch die logische Fortsetzung des Vertrauensverhältnisses ist, das Ermittler und Opfer zueinander aufbauen müssen, um die Strafverfolgung zu ermöglichen. Wer den Ermittlern nicht vertraut, arbeitet auch nicht mit ihnen zusammen, und ohne die Zusammenarbeit mit dem Opfer ist eine Anklage unmöglich.

Das Engagement unserer Victim Witness Specialists durfte ich miterleben, als ich die Dienststelle Cleveland leitete. Unsere Betreuer kümmerten sich um minderjährige Prostituierte und behandelten sie dabei nicht als Kriminelle, sondern als Opfer, um ihnen einen Weg aus der Sackgasse aufzuzeigen. Das Justizsystem in den USA hat Prostitution Minderjähriger schon viel zu lange als ein Kriminalitätsproblem betrachtet anstatt als eines, das mit Mitgefühl angegangen werden musste. Es war ja auch viel einfacher, ein junges Mädchen zu verhaften, wegen Prostitution anzuklagen und in den Jugendarrest zu stecken, als ihm zu helfen, nicht sofort wieder in den Teufelskreis zu geraten, sowie es entlassen wurde. Meistens bezahlte der Zuhälter die Kaution für die Verurteilte, die ihn hartnäckig für ihren Freund hielt. Schließlich rettete er sie ja jedes Mal aus dem Knast, oder? Dabei wollte er sie natürlich nur so schnell wie möglich wieder auf den Strich schicken, damit sie für ihn Geld verdiente, und investierte dafür die Kautionssumme. Das Mädchen himmelte ihn an und sah keinen Anlass, mit der Polizei zusammenzuarbeiten, die es ja nur immer wieder einsperrte. Das FBI wirkte daran mit, das zu ändern.

Das FBI initiierte 2003 die Innocence Lost National Initiative (»Nationale Initiative verlorene Unschuld«), mit der das wachsende Problem des Menschenhandels und der Zwangsprostitution mit Kindern in den USA bekämpft werden sollte. Dieses Programm hat seitdem fast 7000 Kinder gerettet oder identifiziert und zur Verurteilung von mehr als 2800 Menschenhändlern beigetragen. Über 15 von ihnen erhielten lebenslängliche Haftstrafen, viele andere wurden zu 25 Jahren oder mehr verurteilt. Das Programm wurde rasch von fast 90 Einsatzgruppen landesweit übernommen, und 2006 bekam auch die Dienststelle Cleveland in Toledo die Genehmigung, eine eigene Einsatzgruppe für dieses Programm aufzubauen. Sie wurde eine der erfolgreichsten in den ganzen USA.

Warum gab es gerade in Toledo, Ohio, so viel Kinderprostitution? Hier kamen wie oft bei komplexen Problemen viele Faktoren zusammen. Mit Toledo ging es bergab, als die traditionellen Industriebetriebe, besonders die Autozulieferbetriebe, dichtmachten. Die Arbeiter stürzten in die Arbeitslosigkeit ab, der Drogenkonsum schoss in die Höhe. Toledo ist außerdem ein Verkehrsknotenpunkt für Fernstraßen, Eisenbahn und die Kanäle aus dem Eriesee und dem Maumee River. Insbesondere kreuzen sich hier zwei der meistbefahrenen Fernstraßen der USA, die Interstate 80/90 und die Interstate 75. Fernfahrer, die hier auf ihren langen Überlandfahrten eine Pause einlegen, wollen oft mehr als nur eine Tasse Kaffee und eine warme Mahlzeit. Dazu kommt ein großer Bahnhof, der damals die meisten Fahrgäste in Ohio zählte. Außerdem liegt Toledo nur eine Stunde Fahrzeit von Detroit entfernt, und die Kriminalität der Großstädte greift gerne auf das Umland über. Eine Handvoll lokaler Zuhälter nutzte diese günstigen Voraussetzungen für Geschäfte mit jungen, wehrlosen Mädchen im großen Stil aus, nicht nur in Toledo selbst, sondern im ganzen Land. Laut der Heilsarmee, die sich intensiv um Opfer sexueller Ausbeutung kümmert, liegt Toledo auf Platz vier der Festnahmen und Verurteilungen wegen Menschenhandels mit Prostituierten. Fachleute gehen davon aus, dass etwa ein Fünftel der Prostituierten in Toledo noch minderjährig ist.

Ungeachtet dieser Ursachen hatten wir jedenfalls ein Problem: Unsere Leute in Toledo arbeiteten im Rahmen unseres Victim Witness Program mit preisgekrönten gemeinnützigen Organisationen vor Ort zusammen, die solchen Mädchen, die zwar ihre Unschuld, aber hoffentlich nicht ihren Überlebenswillen verloren hatten, den Ausstieg zu ermöglichen. Der kompetente Chef unserer Einheit schlug den örtlichen Polizeibehörden eine neue Strategie im Umgang mit den betroffenen Mädchen vor, nicht nur um sie, sondern auch den Ruf der ganzen Stadt zu retten. Sowohl die Polizei der Stadt als auch des Countys war im Boot. Jetzt wurden jugendlichen Prostituierten, die von der Polizei aufgegriffen wurden, zwei einfache Fragen gestellt: »Möchtest du aussteigen?« und »Was brauchst du, um auszusteigen?« Die Fragen waren einfach, die Antworten eine Herausforderung.

Laut FBI-Statistik ist die durchschnittliche Kinderprostituierte 13 Jahre alt, wenn sie ihrem Zuhälter in die Hände fällt. Danach hat sie nur noch eine durchschnittliche Lebenserwartung von sieben Jahren. In Toledo kamen die Mädchen, die sich, oft nach mehreren Gesprächen mit der Polizei und unseren Opferbetreuern, dazu bereit erklärten auszusteigen, nicht mehr in Arrest, sondern sprachen mit einem unserer gemeinnützigen Partner. Dort bekamen sie eine Unterkunft, regelmäßige Mahlzeiten, Beratung und die Mittel, um ein neues Leben zu beginnen. Am wichtigsten war, dass sie dort Mitgefühl erlebten, viele zum ersten Mal überhaupt.

Dieses Mitgefühl sorgte bald für positive Veränderungen. Als die verunsicherten und traumatisierten Mädchen langsam Vertrauen zu den Kollegen fassten, verrieten sie uns, wer ihre Zuhälter waren. Ihren Berichten zufolge wurden sie über Land zu Großveranstaltungen verschleppt, um dort stundenweise zum Beispiel an die Besucher des Super-Bowl-Endspiels vermietet zu werden. Nachdem das FBI in Toledo mehreren Dutzend Mädchen zum Ausstieg verholfen hatte, verfügte es auch über die Zeugenaussagen, die es brauchte, um die brutalsten Kinderhändler und Ausbeuter zu langen Haftstrafen zu verurteilen. Mitgefühl hatte sich als wirksame Strategie selbst gegen schrecklichste Verbrechen erwiesen.

Die Betreuung von Verbrechensopfern in Cleveland koordinierte auch den Einsatz forensischer Fachleute, die es verstanden, kleine Kinder zu befragen, die Zeugen von Taten geworden waren, wie sie kein Kind je mitansehen sollte.

Am 15. Juni 2007 wurde Jessie Marie Davis aus Lake Township, Stark County, Ohio, 26 Jahre alt und im neunten Monat schwanger, als vermisst gemeldet. Jessies Mutter hatte Jessies zweijährigen Sohn Blake alleine zu Hause vorgefunden. Auf dem Fußboden stand eine Pfütze Bleichmittel, ein Nachttisch war umgeworfen. Der Zweijährige erzählte seiner Großmutter, »Mommy hat geweint«, »Mommy hat den Tisch kaputtgemacht« und »Mommy ist im Teppich«. Die Medien witterten ein grausiges Drama, Reportageteams stürzten sich auf die ländliche Idylle. Das Sheriff's Department von Stark County leistete ausgezeichnete, professionelle Arbeit in den beiden Bereichen, die hier draußen gefordert waren: Streifendienst und die Annahme von Notrufen. Die Beamten hatten allerdings keinerlei Erfahrung mit Tötungsdelikten und dem richtigen Verhalten im Rampenlicht landesweiter Berichterstattung. Sie brauchten Hilfe.

Braucht die Polizei einer Kleinstadt oder der Sheriff eines Countys die Hilfe des FBI, weil er oder sie überfordert sind, ist das FBI zur Stelle. Ich rief den stellvertretenden Sheriff von Stark County an, um zu hören, wie es denn laufe. Er erzählte, seine Leute seien mit diesem einen Fall so stark ausgelastet, dass sie bereits im Nachbar-County um Verstärkung für die Verkehrsstreife und die Notrufe gebeten hätten. Ich bot ihm an, das FBI könne bei der Spurensicherung am Tatort und dem Umgang mit Presse und Fernsehen behilflich sein. Beides nahm er gerne an. Der stellvertretende Sheriff und ich arbeiteten zusammen, bis dieses schreckliche Verbrechen aufgeklärt war.

Jessie Davis war die Freundin eines Polizisten namens Bobby Cutts. Cutts war der Vater des kleinen Blake und des Ungeborenen. Als Jessie vermisst gemeldet wurde, lebte Cutts von seiner Ehefrau getrennt und war mehrfach von anderen Frauen wegen häuslicher Gewalt und Stalkings angezeigt worden. Nach mehreren Verhören mit Unterstützung durch das FBI und diversen Lügendetektortests rückte Cutts damit heraus, wo Jessie geblieben war. Am 23. Juni 2007 fuhren wir mit ihm zum Cuyahoga Valley National Park, wo er uns zu den sterblichen Überresten seines Opfers führte. Jetzt mussten wir Jessies Mutter und den Angehörigen die Nachricht überbringen. Diese Aufgabe übernahm eine Opferbetreuerin des FBI Cleveland.

Ich war bei dem Gespräch in der County-Verwaltung anwesend. Es war kein schönes Erlebnis, aber unsere Expertin vermittelte die Todesnachricht rasch und ohne lange um den heißen Brei zu reden. »Wir müssen Ihnen leider eine traurige Mitteilung machen. Wir haben Jessie gefunden«, erklärte die Opferbetreuerin. Jessies Mutter wusste natürlich, was das hieß. Sie brach in lautes Schluchzen aus. Sogar die erfahrenen Agenten und Sheriffs im Zimmer hatten Tränen in den Augen. Was keine Mutter je hören will, war ausgesprochen, und die Opferbetreuerin des FBI würde weiterhin für Jessies Familie da sein, solange es nötig war. Das Mitgefühl hat hier zwar nicht direkt zur Lösung des Falls beigetragen, aber es half den Hinterbliebenen dabei, den Schock und die Trauer zu bewältigen. In diesem Sinne half das Mitgefühl dem FBI sehr wohl bei seiner übergreifenden Aufgabe – für das Wohlergehen aller Amerikaner zu sorgen.

Cutts wurde im Februar 2008 wegen des Mordes an Jessie und wegen Mordes in einem besonders schweren Fall (an Jessies ungeborenem Kind) verurteilt, außerdem wegen schweren Hausfriedensbruchs, Leichenschändung und der Gefährdung eines Minderjährigen (des zweijährigen Blake). Cutts stieß beim Gericht auf keinerlei Mitgefühl. Es verurteilte ihn zu lebenslänglicher Haft. Seinen ersten Bewährungsantrag konnte er erst 57 Jahre später stellen.

Als ich mit der Zeit immer verantwortungsvollere Chefposten übernahm, die auch die Aufsicht über immer mehr Untergebene mit sich brachten, sah ich die Beförderung von Mitarbeitern als Mittel, einer immer größeren Zahl von ihnen zu helfen. Ich wurde oft von Agenten um Rat gebeten, die überlegten in die Chefetagen aufzusteigen. Sie fragten meist, ob das unwesentlich höhere Gehalt die Mühe, sich mit der Zentrale einerseits und einem Haufen Mitarbeitern und Programmen herumschlagen zu müssen, wirklich wert sei. Ich riet den Betreffenden grundsätzlich ab, wegen der mageren Gehaltserhöhung in den höheren Dienst zu wechseln und meinte, sie würden nur bitter enttäuscht. Wenn sie aber spürten, so fuhr ich fort, dass es an der Zeit für den nächsten Schritt in der persönlichen und beruflichen Entwicklung sei, wenn sie das FBI gerne einmal aus der Vogelperspektive erleben wollten, dann sei der höhere Dienst das Richtige für sie. Außerdem, scherzte ich, könnten sie dann Spannung und Aufregung gefahrlos durch die Fälle erleben, die ihre Untergebenen bearbeiteten. Aber zum Schluss sprach ich immer davon, dass man als Vorgesetzter etwas *bewirken* kann. Für mich war wie für die meisten Chefs im FBI die Leitung einer Gruppe, einer Einheit, einer Sektion, einer Dienststelle oder sogar einer Abteilung in der Zentrale immer eine Gelegenheit, weit über die Fälle hinaus, die man bearbeitete, etwas zu bewirken. Natürlich sorgt man in dieser Funktion hoffentlich dafür, dass es weniger Verbrechen im eigenen Zuständigkeitsbereich oder sogar landesweit gibt, aber ich meine die konkrete Möglichkeit, etwas für seine Mitarbeiter zu tun. Dem Einfluss des Vorgesetzten auf das Leben seiner Mitarbeiter liegt oft Mitgefühl zugrunde.

Den jüngeren Führungskräften erklärte ich, dass ich für meine Begriffe immer dann am ehesten etwas bewirkte, wenn ich einem Untergebenen helfen konnte. Natürlich hatte ich wichtige Entscheidungen über Ermittlungen zu treffen, veränderte Arbeitsgrundsätze, kämpfte für Gesetzesvorlagen, sicherte uns zusätzliche Haushaltsmittel und entwarf Trainingsprogramme, aber die schönsten Erfolge kann ein Chef verbuchen, wenn er das Leben eines Mitarbeiters verbessert. Ehrlich gesagt stellt das FBI zwar kaum Leute ein, die ständig beaufsichtigt werden müssen, und viele Ermittlungserfolge, die ich hier schildere, hätte es auch ohne mich verbucht – und manche wurden womöglich erzielt, *obwohl* ich die Leitung hatte. Aber auch ein FBI-Mitarbeiter, der keine Aufsicht braucht, braucht hin und wieder Mitgefühl, und dann kann sein Boss den Rang, den er in der Bürokratie innehat, einsetzen, um ihm zu helfen. Zwei Beispiele, an die ich mich gut erinnere, erlebte ich zu Beginn und gegen Ende meiner Führungslaufbahn.

Als Gruppenleiter (squad supervisor) steht man noch ziemlich am Anfang der Karriereleiter. Man hat zahlreiche Instanzen in der Dienststelle über sich und noch viel mehr in der Zentrale. Man leitet eine Gruppe (squad), die oft einem einzigen Auftrag zugeordnet ist, zum Beispiel der Bekämpfung von Kinderpornografie Spionage, Computerkriminalität oder Krankenversicherungsbetrug. Diese Gruppe umfasst vielleicht 8 bis zwanzig Agenten, Taskforce-Beamte und Experten. Je nach Art des Auftrags sind diese Beamten in verschiedenem Dienstalter, manche noch Neulinge, viele inmitten ihrer Laufbahn, und einige kurz vor dem Ruhestand. Als Chef dieser Mitarbeiter ist man wichtig, aber im bürokratischen Apparat fällt man nicht weiter auf. Man kann also diese Rolle, wie die meisten, weitgehend persönlich ausgestalten. Ich erfuhr, dass Mitgefühl ein entscheidender Aktivposten für einen Chef sein kann.

Als Gruppenleiter muss man sich bei den höheren Rängen für die Arbeit seiner Gruppe einsetzen, ein gutes Verhältnis zur Dienststellenleitung und zur Zentrale entwickeln. Darüber hinaus muss man seinen Einfluss geltend machen, sich kreative Strategien ausdenken und Entscheidungen herbeiführen. Man muss begreifen, auf welche Faktoren es wirklich ankommt. Ich lernte, dass das nicht nur für die Arbeit der Gruppe gilt, sondern auch für die Menschen, die einem unterstehen, und, wichtiger noch, dass beides eng miteinander zusammenhängt: Wenn man seine Gruppe mit Mitgefühl leitet, verbessern sich auch die Arbeitsergebnisse.

Ich erinnere mich an einen Agenten, der besonders unermüdlich und gründlich arbeitete. Er war mit zwei Jahren Dienstzeit noch relativ neu, hatte aber ein gutes Verhältnis zur örtlichen Polizei, war ein fähiger Spurensicherer, stets bereit für Einsätze mitten in der Nacht und am Wochenende, und war dabei, sich einen Ruf als zuverlässiger und fähiger Agent aufzubauen. Als ich die Gruppenleitung übernommen hatte, merkte ich rasch, dass der Beamte – ich nenne ihn hier Drew – oft morgens als erster im Büro war und abends als letzter ging; ich freute mich über seinen Arbeitseifer, bedauerte aber seine Familie. Eines Tages kam er zu mir ins Büro und bat um Urlaub – normalerweise eine Routinesache, aber diesmal entwickelte es sich zu einer Mit-gefühl-Mission.

FBI-Agent war Drews Traumberuf. Wir hatten alle Opfer gebracht, um uns diesen Traum zu erfüllen, aber für Drew wollten diese Opfer nicht enden. Er hatte eine Frau und kleine Kinder, außerdem litt sein Vater an einer schweren Herzerkrankung. Das alles war an sich noch nicht ungewöhnlich, außer dass Drew in einer Stadt Dienst tat, die Tausende Kilometer von seiner Familie entfernt lag.

Drew und seine Frau hatten gemeinsam entschieden, dass er seinen Traum verwirklichen und sich beim FBI bewerben würde, obwohl er wusste, dass er an jeden beliebigen Ort versetzt werden konnte und ihm womöglich eine kostspielige und zeitraubende Existenz als Wochenend-pendler bevorstand. Drews Frau war selbst berufstätig und wollte ihre Stelle nicht aufgeben. Dass Drews Vater chronisch krank werden würde, hatten sie da noch nicht wissen können. Jetzt hatte Drews Frau nicht nur ihre Vollzeitstelle und musste sich um die Kinder kümmern, son-dern auch noch Drews kranken Vater pflegen. Das ging auf die Dauer einfach nicht, und das FBI drohte, einen fähigen Agenten zu verlieren.

Wenn die Organisation allerdings bei der Wahl des Einsatzorts die persönlichen Umstände und Vorlieben der Agenten berücksichtigen wollte, käme die komplizierte Maschinerie, die hinter den Versetzungs-entscheidungen steht, knirschend zum Stillstand. Selbst altgediente Mitarbeiter bekommen eine sogenannte Härtefallversetzung nur mit Mühe genehmigt. Es gab solche Versetzungen wohl, aber gleich beim ersten meiner zahllosen Anrufe bei der Zentrale wegen dieser Sache wurde ich daran erinnert, dass ein kranker Vater kein ausreichender Grund sei: »Wir haben alle Eltern, und die werden alle einmal alt und krank«; »Wissen Sie, was es kostet, einen Agenten ans andere Ende der USA zu versetzen?« Ich sah das ja auch alles ein. Ich habe auch später während meiner Zeit beim FBI mehrfach versucht, in Heimatnähe ver-setzt zu werden, um mich um meine Eltern kümmern zu können, und es wurde auch nicht genehmigt. Schließlich kündigte ich, um Sicher-heitschef bei einem kommerziellen Unternehmen zu werden. So konnte ich zurück nach Connecticut ziehen, bevor meine Eltern starben. Es ging eben nicht anders. In Drews Fall ging es aber nicht bloß um den kranken Vater, sondern um seine gesamte Familie, die ständig unverhältnismäßigen Verzicht übte, damit er beim FBI arbeiten konnte.

Der zuständige Mann in der Zentrale, mit dem ich zu tun hatte, war keineswegs ein herzloser Erbsenzähler. Er war selbst Agent und mühte sich, innerhalb der Führungsebenen aufzusteigen. Er versuchte, das Richtige zu tun und Mitgefühl zu zeigen. »Wenn Sie mir sagen können, warum das hier nicht bloß der nächste Agent mit einem kranken Vater ist, ziehen wir die Versetzung in Betracht«, versprach er und verschaffte Drew als Übergangslösung sogar mehrmals befristete Härtefallversetzungen von einigen Wochen in die Dienststelle, die dem Wohnort der Familie am nächsten lag. Das war aber eben nur eine Notlösung, also schickten Drew und ich in den nächsten Wochen die gesamte Krankengeschichte des Vaters wiederholt in die Zentrale. Wir setzten ausführliche Eingaben auf. Jede einzelne wurde mit noch ausführlicheren Nachfragen beantwortet, die weitere Einzelheiten erforderlich machten.

Wir beschrieben den Umfang der Pflegeleistungen, die Drews Frau für den Vater erbrachte. Wir erklärten, wie teuer es für Drew war, als Agent mit wenigen Dienstjahren und niedriger Gehaltsstufe in einer der teuersten Städte Amerikas zu leben und wenigstens einmal im Monat nach Hause zu fliegen. Wir brachten ärztliche Atteste für die dramatische Verschlechterung des Gesundheitszustands seines Vaters bei und gingen sogar auf die Frage ein, die sich jeder insgeheim stellte und niemand auszusprechen wagte: Würde der Vater nicht sowieso bald sterben? Nein, würde er nicht. Laut seiner Ärzte war die Krankheit chronisch, aber keinesfalls befand er sich im Endstadium. Unsere Hartnäckigkeit zahlte sich aus. Drew bekam schließlich die dauerhafte Versetzung in die Heimat genehmigt. Das hatten wir nicht im Kampf gegen das System erreicht, sondern weil das System des FBI stets den Menschen im Mitarbeiter sieht. Über Tausende Kilometer hinweg und durch den kalten Beton des Hauptsitzes hindurch trug das Mitgefühl einen Sieg davon. Gewinner waren nicht nur Drew und seine Familie, sondern auch das FBI, das einen fähigen Agenten behielt, der seinem

Land noch in vielen verantwortungsvollen Positionen dienen würde. Mitgefühl zu zeigen war eine kluge Entscheidung.

Viel später in meiner Laufbahn als Führungskraft erlebte ich einen weiteren Fall, in dem das Mitgefühl über die FBI-Bürokratie siegte. Die Dienststelle Cleveland hatte das Glück, Laurie Fourier als Special Agent in ihren Reihen zählen zu dürfen, und ich hatte das Glück, während Lauries Dienstzeit dort ihr Chef zu sein. Wer Laurie begegnete, vergaß sie nie wieder. Sie war einer der optimistischsten und sonnigsten Menschen, die man sich nur vorstellen kann. Der *Cleveland Plain Dealer* schrieb später, wie Laurie sich einmal während einer Ermittlung strahlend an einen Kollegen wandte und ausrief: »Ist Spaß nicht das Allergrößte?« Sie tanzte einmal im Büro auf Luftpolsterfolie, weil es so schön knackte, und war Sängerin und Keyboarderin bei der FBI-Band Fed Up.

Laurie kam aus der Gruppe Krankenversicherungsbetrug und wurde Trainingsleiterin für die Agenten. Sie verbrachte ihre neunzehnjährige Dienstzeit in der Dienststelle Cleveland und war hier tief verwurzelt und mit allen befreundet. Vor ihrer Bewerbung beim FBI war sie Sozialarbeiterin gewesen, und ihr Mitgefühl zeigte sich immer wieder, wenn sie im Rahmen unseres Employee Assistance Program einem Kollegen half, eine private oder berufliche Krise durchzustehen. Als Gründungsmitglied des Notfall-Einsatzteams der Dienststelle Cleveland verbrachte sie nach dem 11. September 2001 zwei Wochen in Shanksville, Pennsylvania, und arbeitete sich durch die Trümmer von United Airlines Flight 93.

Laurie fand stets etwas zum Lachen oder brachte andere zum Grinsen, sogar noch, als sie gegen den Krebs kämpfte. Selbst in den letzten Wochen ihres Lebens sah man ihr nicht an, dass sie todkrank war, und zwar weil sie nicht mit dem Krebs lebte, sondern über dem Krebs stand. Mit ihrem Mann Mike hatte sie zwei Söhne. Am 26. Dezember 2009 verstarb Special Agent Laurie Fournier in einem örtlichen Hospiz. Sie hatte ihren Auftrag beim FBI erfüllt, nun zeigte das FBI weiterhin Verantwortung für Laurie und ihre Familie.

Wenn ein FBI-Agent stirbt, erklärt ein Kollege den Hinterbliebenen, welche Sozialleistungen ihnen nach dem Todesfall vom Arbeitgeber zustehen. Je nachdem, wie der Agent seine Finanzen und Versicherungen geregelt hatte, kommen verschiedene Zahlungen, Programme und Wohltätigkeitsstiftungen infrage, darunter auch solche, von denen der Agent selbst womöglich gar nichts wusste. Halb- oder Vollwaisen, die er hinterlässt, haben unter Umständen Anrecht auf Schulstipendien. Außerdem braucht die Familie oft schnelle finanzielle Hilfe, weil sie für das teure Begräbnis aufkommen muss. Als Laurie starb, wusste ich, dass die Erklärung dieser komplizierten Arrangements sich oft darin erschöpfte, dass jemand den Angehörigen ein paar Faltblätter und Versicherungspolicen in die Hand drückte und ihnen eine Nummer der FBI-Zentrale gab, falls sie Fragen hatten. Ich fand, dass Mike und die Kinder etwas Besseres verdient hatten.

Ich brütete über den juristischen Formulierungen in den Dokumenten, die Arbeitgeberleistungen an die Hinterbliebenen regeln, verstand aber vieles nicht, obwohl ich selbst Jura studiert habe. Selbst wenn ich alle Einzelheiten hätte erklären können, wäre ich wohl aufgeschmissen gewesen, wenn Mike noch Fragen gehabt hätte. Ich rief die Zentrale an und meinte, es müsse eine bessere Methode geben. Wir überlegten, ob wir vielleicht einen Sozialleistungsexperten über Telefon zuschalten könnten, wenn ich die Familie aufsuchte. Das wäre vielleicht in Ordnung gewesen, wenn es um den Abschluss einer Versicherung gegangen wäre, war aber zu unpersönlich für den Besuch bei einer trauernden FBI-Familie. Könnte nicht ein Experte aus der Zentrale nach Cleveland fliegen, mich zu Lauries Haus begleiten und die Sozial- und Versicherungsleistungen des FBI für Hinterbliebene erklären? Inzwischen war ich es gewöhnt, auf solche Ansuchen erst einmal »Das haben wir noch nie so gemacht« zu hören, auch wenn ich mich nicht damit abfand. Ein Mitarbeiter der Zentrale erklärte sich schließlich bereit, nach Cleveland zu kommen. Der Besuch bei Mike und den Kindern war nicht leicht, verlief aber gut, und ich dachte die ganze Zeit unwillkürlich, dass Laurie bei unserem Gespräch in der Küche mit am Tisch saß. Noch wichtiger war, dass der Experte mich später aus der Zentrale zurückrief und sagte, das FBI werde die persönliche Erklärung der Leistungen für Hinterbliebene ab sofort als Standardverfahren einführen. Das Mitgefühl war in den Verhaltenskodex aufgenommen worden.

Laurie erfuhr es zwar nicht mehr, aber Mitgefühl, Teil des FBI-Verhaltenskodex, endete nicht mit der persönlichen Erklärung der Sozialleistungen für Hinterbliebene. 16 Jahre nach Lauries Einsatz am
Absturzort von United Airlines Flight 93 stellte sich heraus, dass ihre
Krebserkrankung mit ihrer Arbeit dort zusammenhing. Das FBI versuchte nicht, diesen Zusammenhang zu vertuschen oder schönzureden,
sondern wies mit einem Stern neben Lauries Namen in der Ehrentafel
eigens darauf hin. Ein Stern bedeutet, dass sie in Ausübung ihrer Pflichten gestorben ist.

Mitgefühl zu zeigen unterscheidet einen erfolgreichen von einem
gescheiterten Verhaltenskodex. Ihre Mitarbeiter müssen ja nicht gleich
ihr Leben für das Gemeinwohl opfern, aber sie opfern Ihnen als Vor-
gesetztem wertvolle Zeit, Kraft und Fähigkeiten. Wenn man Menschen
führt, gleich auf welcher Ebene, bleibt einem nichts übrig, als mit Mitgefühl zu führen. Das ist nicht nur die moralisch richtige, sondern auch
die sachlich kluge Einstellung.

GLAUBWÜRDIGKEIT (CREDIBILITY)

Glaubwürdigkeit ist der Grundstein eines jeden Unternehmens, das auf definierten Werten beruht – und auf solchen Werten beruht fast alles von Bedeutung, das man unternimmt. Wenn man also nicht nur erfolgreich sein, sondern auch nachhaltig arbeiten will, müssen die Mitarbeiter einem selbst und den Werten, für die man steht, vertrauen können. Das gilt ebenso für die Chefs, Mitglieder einer Organisation wie für diese Gruppe selbst, ob es sich nun um eine Firma, einen Verein oder ein Land handelt – Glaubwürdigkeit entscheidet darüber, ob die Werte bestehen bleiben und nicht nur von einem Anführer vertreten werden.

Fehlt es einer Gruppe oder ihrem Chef an Glaubwürdigkeit, verinnerlichen die Mitarbeiter bleibende und echte Werte nicht wirklich. Diktatoren erzwingen Gehorsam durch Angst und Einschüchterung, Sektenführer verlassen sich mehr auf ihre persönliche Ausstrahlung als auf ein Wertesystem, und deshalb lösen Sekten sich meist schnell wieder auf und Diktatoren werden gestürzt, weil sie für nichts anderes stehen als sich selbst.

Stephen Miller war ursprünglich einer der wichtigsten Berater des designierten Präsidenten Trump in dessen Team im November 2016 und entwickelte bald darauf eine Strategie gegen illegale Einwanderer … nämlich die Trennung von Eltern und Kindern an der Grenze. Diese Maßnahme läuft den amerikanischen Werten direkt zuwider, die auf einer Bronzeplakette im Sockel der Freiheitsstatue verewigt sind: »Schickt mir eure Müden, eure Armen, eure bedrückten Massen, die nach Freiheit verlangen, den elenden Abschaum eurer wimmelnden

Ufer. Dieses Licht der Freiheit möge der ganzen Welt leuchten.« In einem bezeichnenden Zitat warf Miller seine persönliche Treue zu Trump mit seinem Patriotismus in einen Topf, um zu erklären, dass nur ein einziges Verlangen ihn antreibe: »Sie können mich oder das, was ich sage, tue oder denke, nur verstehen, wenn Sie verstehen, dass mein einziges Motiv ist, diesem Präsidenten und diesem Land zu dienen. Ein anderes habe ich nicht.« Das tragische Ergebnis war eine moralisch verwerfliche, stümperhaft umgesetzte und gesetzeswidrige Politik, mit einem Wort eine unamerikanische Politik. Miller beging den Fehler zu glauben, seinem Land zu dienen sei dasselbe wie einem Einzelnen zu dienen. Wenn Sie selbst oder Ihre Organisation für eine bestimmte Person eintreten statt für bestimmte Werte, werden Sie Probleme bekommen. Wenn die betreffende Person irgendwann versagt, was unvermeidlich ist, verlieren Sie Ihre Glaubwürdigkeit.

Die Geschichte zeigt, dass Organisationen und Staaten scheitern, wenn ihnen der Schutz einer Person wichtiger ist als der ihrer Prinzipien. Wenn dagegen aufgeklärte Prozesse wichtiger sind als eine Persönlichkeit, setzen sich die Werte gewöhnlich durch. So halten sich zum Beispiel die meisten Amerikaner nicht aus Treue zu einer bestimmten Person an die Gesetze, sondern weil sie wissen, dass die Gesetze dem Gemeinwohl dienen. Gewöhnlich halten wir auch die Vorgänge, mit denen die Einhaltung der Gesetze erzwungen wird, für legitim. Polizisten lesen dem Festgenommenen seine Rechte vor, Kriminalbeamte beantragen einen Durchsuchungsbefehl oder eine Vorladung, Angeklagte bekommen einen Verteidiger gestellt, wenn sie sich keinen leisten können, die Geschworenen wägen stellvertretend für die Gesellschaft die Vorwürfe gegen ihn ab, der Angeklagte darf als sein eigener Entlastungszeuge aussagen, und eine Berufungsklage kann einen ergangenen Schuldspruch abwenden.

Unser Justizsystem ist noch nie willkürlich, undurchschaubar oder dem Willen der Regierung unterworfen gewesen. Selbst wenn man mit einem Urteil oder einem Strafmaß nicht einverstanden ist, kann man sich damit trösten, dass das Urteil rechtmäßig zustande gekommen ist. In Einzelfällen kann es zu bedauerlichen Abweichungen kommen, aber die Tatsache, dass wir sie als Ausnahme von der Regel erkennen, heißt ja, dass die Justiz meistens das Richtige tut. Nachvollziehbare Verfahren fördern die Glaubwürdigkeit, und Glaubwürdigkeit fördert Gehorsam. Aber bloß zu behaupten, dass man einem rechtmäßigen Verfahren folge, genügt nicht. Um Prinzipien glaubwürdig zu wahren, muss das Verfahren vorher festgelegt, unparteiisch und verständlich sein. Festlegung heißt dabei, dass das Verfahren nicht nur vorgeschrieben, sondern die Vorschrift auch leicht zu finden und zu verstehen ist und befolgt wird. Beim FBI wird jeder Mitarbeiter regelmäßig nach seinen Ansichten über die moralische Haltung der Führung befragt. Das zeigt, wie ernst es uns mit der Integrität ist. In manchen Unternehmen, besonders bei kleinen oder inhabergeführten Firmen, werden die Mitarbeiter mit der Versicherung beruhigt, das Unternehmen verfüge über ein System, um Verstöße zu ahnden. Die Mitarbeiter müssen glauben, dass die Chefs sich selbst nicht an die Vorschriften halten. Man darf nämlich nie erwarten, dass Mitarbeiter etwas glauben, dass sie nicht sehen können. Vertrauen entsteht aus Offenheit, und Offenheit führt zu Vertrauen.

»Hast du die Geschichte mit dem Heiratsantrag und dem FBI-Hubschrauber gesehen?« Zahlt sich Offenheit wirklich aus? Am Tag nach Veröffentlichung des Quartalsberichts vom Office of Professional Responsibility entwickeln sich in der Nähe eines Wasserspenders in einem FBI-Büro interessante Gespräche. Das FBI leistet sich nämlich etwas, das bei Behörden und Firmen sehr selten ist: Es verarbeitet ausgewählte Disziplinarstraffälle zu Lektionen – für alle Mitarbeiter. Das OPR gibt kurze Zusammenfassungen der Akten bestimmter interner Ermittlungen heraus, um auf bedenkliche Tendenzen hinzuweisen und daran zu erinnern, was man lieber sein lässt. Diese Fallbeispiele mit der Mahnung »So dumm bist du hoffentlich nicht« führen immer auch die Konsequenzen auf, die der Bestrafte zu tragen hatte. Dabei sind die Berichte allerdings völlig anonymisiert; Namen und Orte werden nicht genannt. Die Botschaft ist dennoch klar – wer sich so und so verhält, hat diese und jene Folgen zu gewärtigen.

Nicht nur Regeln und Konsequenzen sollten offen und klar sein. Verhaltensweisen, die eine Belohnung nach sich ziehen, übernehmen die Mitarbeiter. Beim FBI wird vorbildliches Verhalten systematisch gefeiert. Jährlich wird der Manuel J. Gonzalez Ethics Award, ein Preis für moralische Integrität, an einen FBI-Mitarbeiter verliehen, der die Integritätsprämisse des FBI in besonderem Maß erfüllt. Eine andere Auszeichnung, der Thomas E. Du Hadway Award, ehrt regelmäßig altruistisches Verhalten von Mitarbeitern.

Als Ehrung für außergewöhnliche Handlungen im Sinne des FBI-Mottos *Fidelity, Bravery, Integrity* (»Treue, Mut, Integrität«) begründete das FBI 1989 sein Honorary Medals Program, das fünf Ehrenzeichen umfasst:

- FBI Star für schwere Verwundungen im aktiven Dienst durch körperliche Gewalt krimineller Gegner;
- FBI Medal for Meritorious Achievement (Verdienstmedaille) für außergewöhnlichen und außerordentlich wertvollen Dienst bei der Lösung schwerer Aufgaben mit großer Verantwortung, einschließlich einer entscheidenden vorbildlichen Tat zum Schutz oder der unmittelbaren Rettung eines sehr gefährdeten Menschen im Dienst;
- FBI Shield of Bravery (Tapferkeitsschild) für tapfere und mutige Taten im Dienst;
- FBI Medal of Valor (Tapferkeitsmedaille) als Anerkennung für eine außergewöhnliche Tat oder den freiwilligen Einsatz von Leib und Leben gegenüber kriminellen Gegnern;
- und FBI Memorial Star (Gedenkmedaille), die einem Angehörigen eines im Dienst durch direkte gegnerische Einwirkung getöteten Agenten überreicht wird.

Offen zugängliche Vorschriften sind nicht die einzige Voraussetzung für Glaubwürdigkeit. Ebenso müssen die Mitarbeiter davon überzeugt sein, dass das Ermittlungs- und Bestrafungsverfahren ihrer Organisation für Fehlverhalten objektiv ist, auf Tatsachen basiert und nicht durch Faktoren wie Rang, Hautfarbe, Religion, Geschlecht, Alter und sexuelle

Orientierung beeinflusst wird. Sowie die Mitarbeiter sehen müssen, dass das Verfahren von äußeren Faktoren beeinträchtigt wird, verliert die Organisation an Glaubwürdigkeit und die Vorschriften werden weniger streng eingehalten. Das heißt nicht, dass Disziplinarentscheidungen nicht den Einzelfall berücksichtigen sollten, aber es beeinträchtigt die Glaubwürdigkeit, wenn dieselben Konsequenzen schematisch verschiedene Menschen treffen. Die einzige Gruppe, die nach eigenen Maßstäben bestraft werden muss, ist die oberste Führungsebene, weil von den Chefs ein Verhalten erwartet wird, das der gesamten Gruppe als Vorbild dienen kann. Verstößt eine Führungspersönlichkeit gegen die Maßstäbe, werden die Mitarbeiter es ebenso machen. Deshalb wird Fehlverhalten in der Führungsebene des FBI von den internen Ermittlern strenger geahndet als bei einfachen Mitarbeitern.

Ein Beispiel dafür ist der Fall Deputy Assistant Director Peter Strzok. Er leitete als zweithöchster Beamter der Spionageabwehrabteilung die Ermittlungen hinsichtlich der E-Mails und des Servers von Hilary Clinton während ihrer Amtszeit als Außenministerin. Außerdem führte er 2016 die FBI-Untersuchung der angeblichen und heimlichen Zusammenarbeit des Trump-Wahlkampfteams mit Russland an, die zur Einsetzung eines Sonderermittlers führte. Diesen Sonderermittler unterstützte Strzok, der damals bereits 22 Dienstjahre beim FBI vorweisen konnte, bei seinen Ermittlungen zu angeblicher russischer Einmischung in die Präsidentschaftswahl – so lange, bis eine Untersuchung des Generalinspekteurs des Justizministeriums ergab, dass Strzok während seiner Ermittlungen zu Trumps Wahlkampf Textnachrichten mit trumpfeindlicher Tendenz verschickt hatte. Der Generalinspekteur informierte Sonderermittler Robert Mueller, Strzok habe Hunderte tendenziell wirkender Textnachrichten mit seiner Geliebten Lisa Page ausgetauscht, einer FBI-Anwältin. Mueller zog Strzok am folgenden Tag von dem Fall ab.

Bei meinen Auftritten in verschiedenen politischen Magazinsendungen fragten mich die Moderatoren regelmäßig, wie Strzok meiner Meinung nach bestraft werden solle. Meiner Meinung nach hatte Strzok abgrundtief schlechtes Urteilsvermögen bewiesen, als er FBI-eigene

Geräte benutzte, um parteiische Nachrichten mit seiner Freundin aus-
zutauschen. Seine Handlungen, so merkte ich an, hätten in der Öffentlichkeit Zweifel an der Objektivität des FBI in der Trump-Russland-
Sache geweckt; sie könnten darüber hinaus die zukünftige Arbeit des
FBI untergraben. Meiner Überzeugung nach sollte Strzok degradiert
oder entlassen werden und würde es wahrscheinlich auch. Ich dachte
abgesehen von diesem Einzelfall und diesem speziellen Präsidenten an
die langfristige Auswirkung des Vorfalls. Das Ansehen des FBI als unpar-
teiliche Strafverfolgungsbehörde war geschädigt. Kurz, Strzoks Handlungen hatten die Glaubwürdigkeit des FBI gefährdet. Ich wusste auch,
dass es fast unmöglich sein würde, ähnliches Verhalten der Mitarbeiter
in den niederen Rängen zu unterbinden, wenn seine Taten nicht deutlich sanktioniert würden. Im August 2018 wurde Peter Strzok von
Sicherheitsbeamten aus der FBI-Zentrale begleitet, nachdem der stellvertretende Director David Bowdich ihn gefeuert hatte. Das entsprach
dem FBI-Code.

Zu guter Letzt müssen die Maßstäbe für Verhalten durchgesetzt werden.
So genügt es zum Beispiel nicht, den Mitarbeitern Gelegenheit zu
geben, Verletzungen der Integrität zu melden, wenn kein System besteht,
das auf diese Meldungen rasch reagiert und die Anschuldigungen gründlich untersucht. Die Mitarbeiter hören auf, solche Meldungen zu
machen, wenn sie den Eindruck haben, dass ihre Versuche, das Richtige
zu tun, ungehört verhallen. Desgleichen kann eine Behörde nicht
behaupten, sie lege Wert auf Fairness und Gerechtigkeit, wenn sie
beschuldigten Mitarbeitern keine Möglichkeit gibt, ihre Seite der
Geschichte zu erzählen. Ebenso müssen sie benachrichtigt werden,
wenn ihnen ernste Disziplinarmaßnahmen drohen, und die Gelegenheit bekommen, Berufung einzulegen. Ein vollständiges Verfahren sollte
den zeitlich korrekten Ablauf unter Einhaltung der Vorschriften berücksichtigen: von der Mitteilung der Verhaltensregeln über die Meldung
von Verstößen und der Ermittlung bis zur Entscheidung über Disziplinarmaßnahmen und zur möglichen Berufung durch den Mitarbeiter.
Wenn eine oder mehrere dieser Komponenten unklar sind, fehlen oder

nicht öffentlich sind, schwindet das Vertrauen und das Verfahren wird unglaubwürdig.

Das FBI ermuntert seine Mitarbeiter nicht nur dazu, das Richtige zu tun. Es stellt ihnen und den Bürgern mehrere Möglichkeiten zur Verfügung, mutmaßliches Fehlverhalten zu melden. Die Adressen der Ansprechpartner beim OPR, bei der Inspektion, beim Office of Integrity and Compliance und beim Ombudsmann des FBI stehen auf Webseiten, an schwarzen Brettern und in Briefköpfen. Anzeigen können telefonisch, per E-Mail, schriftlich und anonym eingereicht werden. Wer sich nicht beim FBI selbst melden will, kann sich auch direkt an die Aufsichtsbehörde des FBI wenden, das OIG des Justizministeriums.

Und während meiner Dienstzeit beim FBI stürzten wir uns regelrecht auf die Meldungen mutmaßlichen Fehlverhaltens.

Niemand kritisiert das FBI härter als das FBI selbst. Meine Lehrer lehrten mich, dass das FBI sich lieber selbst drakonisch verurteilt, als das Verfahren jemand anderem zu übergeben. Wir waren uns immer bewusst, dass es nur eines einzigen Skandals bedurfte, um vom OIG des Justizministeriums oder einem Aufsichtsausschuss des Kongresses zu hören zu bekommen, dass sie unsere Verhaltensmaßstäbe besser als wir selbst kontrollieren könnten. Das ist ein Grund dafür, warum die internen Ermittlungen des FBI so kompromisslos sind, vom geregelten Verfahren, das dem beschuldigten Mitarbeiter zusteht, bis hin zum Urteil. Natürlich ist es auch wichtig, dass man ebenfalls höheren Instanzen außerhalb der eigenen Behörde gegenüber verantwortlich ist, aber man darf die Durchsetzung seiner Werte niemals anderen überlassen.

Weil Glaubwürdigkeit Offenheit voraussetzt, werden FBI-Mitarbeiter, gegen die intern ermittelt wird, förmlich von der Untersuchung unterrichtet. Dabei werden ihnen auch Art und Einzelheiten der Beschuldigung und die Vorschriften, nach denen sie möglicherweise verurteilt werden, mitgeteilt. Ein solches Anschreiben kann zum Beispiel Verstöße wie »unbefugte Nutzung eines Dienstfahrzeugs«, »unangemessene Beziehung zu einem Informanten« oder allgemeiner »unprofessionelles Verhalten« aufführen. Ergibt die Ermittlung später zusätzliche oder spezifischere Verstöße, erhält der Beschuldigte eine neue Mitteilung, außerdem in jedem Fall Aktualisierungen zum Stand der Ermittlung. Die ursprüngliche Mitteilung führt auch die Rechte des Mitarbeiters in diesem Verfahren aus, zum Beispiel die Vertretung durch einen Anwalt, Einsicht in den Ermittlungsbericht und Beifügung einer eigenen schriftlichen Stellungnahme sowie in besonders schweren Fällen auch das Recht auf eine persönliche Darstellung der eigenen Sache vor dem Chef des OPR.

Wenn er mit all dem eine Disziplinarstrafe nicht verhindern konnte, kann der Mitarbeiter die Entscheidung noch bei der Personalabteilung des FBI – also außerhalb des OPR – anfechten. Meiner Erfahrung nach ist dieser Verfahrensablauf wirklich fair und kann das Ergebnis eines Disziplinarverfahrens durchaus ändern. Es kommt in der Tat vor, dass die Einlassungen des Beschuldigten die ursprüngliche Strafempfehlung revidieren. Die Ergebnisse der internen Ermittlungen sind zwar verlässlich, können aber die persönliche Lage des Beschuldigten nicht immer vollständig wiedergeben. Mehr als einmal hat eine Anhörung den Arbeitsplatz eines Betroffenen gerettet, obwohl er eigentlich hätte entlassen werden sollen. Das heißt aber nicht, dass es sich um ein übermäßig nachsichtiges Verfahren handelte, ganz im Gegenteil.

Den Tätern, die das FBI verfolgt, stehen mehr Rechte zu ihrer Verteidigung zur Verfügung als den Agenten, die ihnen das Handwerk legen. Außer wenn der Mitarbeiter, der Gegenstand einer internen Ermittlung wird, tatsächlich beschuldigt wird, das Gesetz und nicht nur die internen Vorschriften gebrochen zu haben, haben seine Rechte als Beschuldigter nie das Ausmaß der verfassungsmäßigen Rechte eines Angeklagten vor Gericht. Weder hat er das Recht zu schweigen, noch sich nicht selbst beschuldigen zu müssen, und, soweit es das Eigentum des FBIs betrifft, keinen besonderen Schutz vor Durchsuchung und Beschlagnahme. Ein FBI-Mitarbeiter muss in einer internen Ermittlung jederzeit bereit sein, Urinproben abzugeben, sich einem Lügendetektortest zu unterziehen und unter Eid auszusagen. Wer nicht mit den Ermittlern kooperiert, wird entlassen. Das entspricht dem FBI-Code, weil die Öffentlichkeit es bei der Behörde, der sie am meisten vertrauen können muss, so erwarten darf.

Die Glaubwürdigkeit des internen Ermittlungsverfahrens wird noch dadurch erhöht, dass Ermittler und »Richter« nicht dieselben Personen sind. Die Entscheidung über das Strafmaß wird in einer eigenen Einheit getroffen, die an den Ermittlungen nicht beteiligt ist. Die professionelle Distanz zwischen Ermittlern und Entscheidern sorgt dafür, dass eine unparteiische Partei darüber entscheidet, ob die Vorwürfe bewiesen sind und welche Konsequenzen zu ziehen sind. Außer umfassenden Ermittlungsberichten wird eigens auch ein Bericht über die Urteilsfindung angefertigt, der die Tatsachenfeststellung, die berufliche Laufbahn, Leistung und Reputation des Beschuldigten und etwaige mildernde oder erschwerende Umstände enthält. Außer bei Bagatellstrafen bekommt der Beschuldigte Gelegenheit, auf diesen Bericht zu reagieren.

FBI-Mitarbeiter müssen sich zwar an äußerst anspruchsvollen Maßstäben messen lassen, sind aber letztlich auch fehlbare Menschen, die aus ihren Fehlern lernen können. Das heißt, dass nicht jedes Fehlverhalten zu einer Sanktion führt. Ein Großteil aller nachgewiesenen Dienstvergehen während meiner Zeit endete damit, dass der Betreffende zu einer »Beratung« geschickt wurde oder einen »mündlichen Verweis« erhielt. Beides wurde nicht dauerhaft in die Personalakte eingetragen. Die nächstschwerere Disziplinarstrafe war eine förmliche »schriftliche Abmahnung« des Schuldigen, die in seiner Personalakte vermerkt wurde. Außer bei ganz kleinen Ausrutschern bestand bei Dienstvergehen immer die Möglichkeit einer Suspendierung, was einige Tage bis mehrere Monate Verdienstausfall bedeutete. Als letztes Mittel der Disziplinierung blieb noch die fristlose Kündigung.

Glaubwürdigkeit ist dann am wichtigsten, wenn der Einsatz hoch ist. Jedes Disziplinarsystem demonstriert insofern seine Glaubwürdigkeit, als dass es sich an das vorgeschriebene Verfahren hält, wenn die schwerste Strafe verhängt werden muss. Das FBI hat diese Entscheidungen bisher immer von äußerer Einmischung fernhalten können. Jedwede Abweichung von dieser Praxis fiele umso mehr auf, besonders wenn politische

Gründe naheliegen – wie zum Beispiel, als Andy McCabe entlassen wurde.

Andrew McCabe war nach 22 Dienstjahren als Special Agent bis zum stellvertretenden Director des FBI aufgestiegen, diese Position hatte er von Februar 2016 bis Januar 2018 inne. Als James Comey von Präsident Trump entlassen wurde, rückte McCabe zum geschäftsführenden Director auf. Mit der Ernennung Christopher Wrays zum Nachfolger Comeys kehrte McCabe in die Rolle des Stellvertreters zurück. Der Generalinspekteur des Justizministeriums stellte fest, McCabe habe dem *Wall Street Journal* unbefugterweise bestätigt, dass Ermittlungen gegen die Clinton Foundation liefen. Der Generalinspekteur kam außerdem zu dem Schluss, McCabe habe Director Comey, der Internal Investigations Section des FBI und ihm selbst nicht alles berichtet, was er hätte sagen müssen. Der damalige Justizminister Jeff Sessions entließ McCabe nur 26 Stunden vor Erreichen des Pensionsalters, sodass ihm die volle Pension vorenthalten blieb. Ich weiß nicht, ob McCabe seinem Chef oder den internen Ermittlern tatsächlich etwas Wichtiges verschwiegen hat, oder ob dieses Verhalten eine vorzeitige Entlassung rechtfertigte. Allerdings bin ich mir sicher, dass die Art, wie die Disziplinarstrafe verhängt wurde, auf keiner glaubwürdigen Entscheidung basierte. Dieser Mangel an Glaubwürdigkeit führte zur Klage McCabes gegen das Justizministerium wegen ungerechtfertigter Kündigung des Arbeitsverhältnisses.

Meiner Meinung nach schadete die Art und Weise, wie das Disziplinarverfahren gegen McCabe gehandhabt wurde, der Glaubwürdigkeit des FBI und seiner Verfahren. Ich habe in meiner Amtszeit Mitarbeiter überredet, sich vorzeitig pensionieren zu lassen, andere bis zum Erreichen des Pensionsalters vom Dienst freigestellt, und einigen gesagt, sie könnten zwischen dem Kündigungsschreiben in meiner linken Hand und den Pensionierungspapieren in meiner rechten Hand wählen. Aber in 25 Dienstjahren, in denen ich an mehreren hundert Disziplinarsachen beteiligt war, habe ich nie erlebt, dass ein langjähriger Agent nur Stunden vor Erreichen des regulären Pensionsalters hinausgeworfen wurde. In diesem einmaligen Fall scheint mir politischer Druck die unparteiische Durchführung des vorgeschriebenen Verfahrens beeinflusst zu haben. Weil Glaubwürdigkeit und Unparteilichkeit voneinander abhängen, verschwindet die eine, wo die andere fehlt. Deshalb ist es wichtig, genau zwischen Glaubwürdigkeit und Bestechlichkeit zu differenzieren, damit man gerade in schwierigen Fällen und unter starkem Druck standhaft das Richtige tut.

Als Führungspersönlichkeit im FBI kommt man unvermeidlich in die Lage, das Richtige tun zu müssen, selbst wenn man sich damit unbeliebt macht. Es ist eine alte Weisheit beim FBI, dass man seine Arbeit nicht gründlich gemacht habe, wenn man während seiner Laufbahn kein einziges Disziplinarverfahren angehängt bekommen hatte. Ich dachte unwillkürlich immer, für mich gelte das nicht – bis zu einem Vorfall in Miami.

Augusto Guillermo »Willie« Falcon und Salvador Magluta, zwei kubanischstämmige Amerikaner, waren Drogenschmuggler großen Stils. Sie hatten gute Verbindungen zum damaligen Präsidenten Panamas, Guillermo Endara*, der für die beiden Gangsterbosse insgesamt 33 Scheinfirmen aufzog. Laut der US-Drogenbehörde DEA kontrollierten Falcon und Magluta auf dem Höhepunkt ihrer Karriere den größten Drogenring an der Ostküste, einen der fünf weltgrößten. Die beiden, Freunde seit der Highschool, schleusten in den 1980er-Jahren insgesamt 75 Tonnen Kokain in die USA. Als sie im Oktober 1991 festgenommen wurden, stellten die Ermittlungsbehörden bei ihnen Vermögenswerte von 2,1 Milliarden Dollar in Südflorida sicher. Falcon und Magluta waren gewalttätig und skrupellos, und so machten sie auch nach ihrer Festnahme weiter. Die Gangster in ihren Diensten drohten mit dem Tod von Bundesagenten und verübten im Raum Miami Anschläge auf mindestens fünf entscheidende Zeugen. Drei der Opfer starben.

Selbst deren Angehörige wurden verfolgt, um die Zeugen selbst zum Schweigen zu bringen. Ein Heckenschütze erschoss von einem Dach aus

---

*   https://www.nytimes.com/2009/09/30/world/americas/30endara.html

einen Mann und verletzte zwei weitere schwer, einer davon der Bruder eines Hauptbelastungszeugen, der einen früheren Mordversuch überlebt hatte. Falcons und Maglutas ehemaliger Anwalt Juan Acosta war niedergeschossen worden, um zu verhindern, dass er für die Anklage aussagte. Selbst auf seine eigene Frau Alina ließ Falcon schießen; sie erlitt drei Treffer im Gesicht, als sie aus einem Schönheitssalon trat.

Andere Zeugen wurden für ihr Schweigen bezahlt. Sorgfältige Untersuchungen von Maglutas Buchführung enthüllten, dass mindestens drei Zeugen Geld dafür genommen hatten, nicht auszusagen oder ihre Aussage zu ändern. Die beiden engagierten eine ganze Mannschaft von Staranwälten, um die monumentale Anklage wegen Drogenhandels abzuschmettern, die Ermittler und Anwälte des Bundes gegen sie in der Hand hatten. Trotz des Todes von Hauptbelastungszeugen galt die Beweislast gegen die beiden als so erdrückend und der Fall als so bedeutend, dass Kendall Coffey, US-Bundesanwalt für den Bezirk Südflorida, die Anklage vor Gericht selbst übernahm. Diese Entscheidung kostete ihn letztlich seine Karriere.

Ohne dass Coffey oder sonst jemand in der Bundesanwaltschaft davon wusste, hatten Falcons und Maglutas Männer die Geschworenen identifiziert und herausgefunden, welche von ihnen bestechlich waren. Die beiden Angeklagten zahlten etwa 24 Millionen Dollar an Anwaltshonoraren und Bestechungsgeldern, und am 17. Februar 1996 verkündete der Sprecher der Geschworenen, Falcon und Magluta seien der gegen sie vorgebrachten Anklage des Handels mit illegalen Betäubungsmitteln nicht schuldig. Im überfüllten Gerichtssaal herrschte schockiertes Schweigen. Der verzweifelte Coffey floh in einen Nachtclub namens Lipstik und ertränkte seinen Kummer in Alkohol. Was dort als Nächstes geschah, bleibt unklar, aber Coffey geriet mit einer Stripteasetänzerin in Streit, und danach verbreitete sich in Polizei und Staatsanwaltschaft rasch das Gerücht, er habe die Frau gebissen. Coffey wurde zu seiner Vorgesetzten, Justizministerin Reno, nach Washington bestellt und reichte am nächsten Tag seine Kündigung ein.

Ermittlungen wegen Beeinflussung von Zeugen und Geschworenen übernimmt beim FBI gewöhnlich eine Einheit, die Bestechlichkeit bei

Beamten untersucht. Dabei ist es gleichgültig, welcher Art das Verfahren ist, dessen Zeugen und Geschworene betroffen sind. Die Bekämpfung von Korruption im öffentlichen Dienst ist beim FBI Sache der Abteilung Wirtschaftskriminalität, mit deren Leitung ich in Miami 1999 betraut wurde. Damit fiel mir auch die Oberaufsicht der Ermittlungen gegen Falcon und Magluta wegen Beeinflussung und Behinderung der Justiz zu. *Bienvenido a Miami* – willkommen in Miami. Die Beamten, die gegen Korruption im öffentlichen Dienst ermittelten, gehörten zu den besten Leuten unserer Dienststelle. Sie hielten mich über ihre beträchtlichen Ermittlungsfortschritte auf dem Laufenden, während sie aufklärten, wie der Schmugglerring die Anschläge auf die Zeugen und die Bestechung und Bedrohung der Geschworenen finanziert und ausgeführt hatte – keine leichte Aufgabe.

Die Ermittler warben systematisch neue Informanten an und erhielten sogar Tipps, an welchen Adressen die Drogenhändler Millionen Dollar Bargeld deponiert hatten. Die Beamten sammelten Gründe dafür, diese Häuser durchsuchen zu können und taten sich mit einem angesehenen stellvertretenden US-Bundesanwalt zusammen, der ihnen half, die nötigen eidesstattlichen Versicherungen aufzusetzen. Schließlich beantragten sie erfolgreich Durchsuchungsbeschlüsse bei einem US-Bundesrichter. Spannung und Erwartung wuchsen gleichermaßen unter den Ermittlern.

Wenn das FBI eine Durchsuchung durchführt, wird sie vorher sorgfältig geplant. Weil es hier um mutmaßliche Drogen- und Gelddepots ging, in denen ein gewaltbereites internationales Drogenkartell seine Vermögenswerte versteckt hatte, gingen wir noch gründlicher vor als sonst. Sicherheit geht immer vor, also begannen wir, sämtliche betroffenen Häuser zu überwachen, um festzustellen, ob sie bewohnt waren, und wenn ja, von wem. Die fähigen Leute unserer Spurensicherung wurden angewiesen, sich auf möglicherweise intensive und sogar »zerstörerische« Durchsuchungen einzustellen. Das Sondereinsatzkommando unserer Dienststelle bereitete sich auf die Erstürmung mehrerer möglicherweise verteidigter Wohnhäuser vor. Das Lagezentrum unseres Büros machte einen Personalplan. Ein umfassender schriftlicher Einsatzplan wurde aufgestellt, der sämtliche Eventualitäten abdeckte und die mehreren Dutzend Beamte aus der gesamten Dienststelle berücksichtigte, die an der Operation beteiligt waren, und ihnen eine bestimmte Aufgabe zuwies. Es gab nur eine Eventualität, die nicht erfasst war – Erfolg.

Nachdem ich den ersten Entwurf gelesen hatte, stellte ich eine einfache Frage: »Und wenn wir finden, was wir suchen?« Mit anderen Worten: Was taten wir, wenn das Kartell nach über einem Jahrzehnt immer noch Millionen Dollar Bargeld dort versteckte? Welche Agenten würden das Geld bewachen? Wie würden wir es sicher durch die Straßen Miamis transportieren? Wo, wie und von wem würde so viel Geld verlässlich gezählt und anschließend verwahrt werden? Sollten wir es in der Asservatenkammer einschließen wie alle anderen Beweisstücke? Das waren nicht bloß logistische Fragen, sondern wir mussten von Anfang an unsere Glaubwürdigkeit bewahren, um nicht später das ganze Verfahren zu gefährden, das auf unserem Fund aufbaute.

Der zuständige stellvertretende Bundesanwalt war ein langjähriger Profi, der auch im Verfahren der US-Regierung gegen Manuel Noriega, den ehemaligen Regierungschef von Panama, die Anklage vertreten hatte. Er war erfahren, klug und entschlossen. Er wusste, dass alles, was wir bei diesen Durchsuchungen sicherstellten, ob Geschäftsbücher, Fotografien, Drogen, Bargeld oder womöglich Leichen, vor Gericht von den gewitztesten Verteidigern auseinandergenommen würde, die für Drogengeld zu haben waren. Jeder FBI-Mitarbeiter, der belastende Beweise fand, musste damit rechnen, seine Arbeitsergebnisse, seine Methode und seine Integrität hinterfragen zu lassen. Der Bundesanwalt erklärte mir, der Operationsplan für die Durchsuchungen müsse auch den stärksten Zweifeln vor Gericht standhalten. Die Beweislast, dass eventuell gefundenes Bargeld schon zu Zeiten Falcons und Maglutas deponiert worden sei und zu ihrer Verfügung gestanden habe, liege bei der Regierung, merkte er an. Gemeinsam überlegten wir, ob das FBI-Labor nicht nur das Alter der Banknoten bestimmen könne, sondern auch, wie lange es an einem spezifischen Ort aufbewahrt worden war, vielleicht anhand von Schimmelbefall oder aufgrund des natürlichen

Verfalls in der jeweiligen Umgebung. Wir dachten sogar über die Möglichkeit nach, Fingerabdrücke oder Haare und Fasern von den Scheinen oder ihrer Verpackung zu sichern, um sie Mitgliedern des Drogenkartells zuordnen zu können. Die Glaubwürdigkeit unserer Anklage hing davon ab, dass wir an alle Einzelheiten dachten.

Weil das gesamte Geld, das bei den Durchsuchungen eventuell sichergestellt würde, als Beweismittel forensischen Wert hätte, berücksichtigten wir bei unserer Planung alle möglichen Vorkehrungen und Verfahren zum Umgang mit beträchtlichen Mengen Bargeld. Der Dienststellenleiter, mit schwierigen Situationen erfahren, schlug vor, wir sollten einen gepanzerten Geldtransporter von einem Sicherheitsunternehmen ausborgen und ihn zwischen zwei mit Leuten vom Sondereinsatzkommando bemannten Wagen fahren lassen. Wir benannten in jedem Durchsuchungsteam bestimmte Agenten, die etwa gefundenes Bargeld in ihre Obhut nehmen sollten. Wir beschlossen, das Geld nicht bei uns im Büro mit unseren alten und mitunter ungenauen Geldzählmaschinen zu zählen, sondern es als beschlagnahmtes Beweismittel zu registrieren, zu versiegeln und es dann zur örtlichen Bank zu fahren, wo es unter Aufsicht gezählt würde. Der Operationsplan sah vor, dass gefundenes Bargeld mitsamt Verpackung als forensisches Beweismittel zu behandeln sei und nicht verändert werden dürfe.

Der schriftliche Plan wurde mehreren Dutzend Angehörigen der Durchsuchungsteams per E-Mail übermittelt, ausgedruckt und jedem einzelnen ausgehändigt. Zusätzlich wurde er noch bei einer Einsatzbesprechung für alle am Tag vor dem Zugriff ausführlich besprochen. Was wir nicht mit eingeplant hatten, war das alte Sprichwort: »Erstens kommt es anders, und zweitens als man denkt.«

Die Durchsuchungen begannen früh am Morgen. Nach etwa einer Stunde meldete sich eines der Durchsuchungsteams: Auf dem Dachboden ihres Objekts hatten sie eine Menge Bargeld gefunden. Ich rief den betreffenden Einsatzleiter vor Ort zurück und bat ihn um einen Schätzwert. Er meinte, sie seien sich einig, es müssten Millionen Dollar sein. Ich wies ihn an, darauf zu achten, dass nur die designierten »Bargeldagenten« sich damit befassten, und sagte, der Geldtransporter sei unterwegs. Er versicherte mir, der Plan werde eingehalten.

Der gepanzerte Transporter und seine beiden Begleitfahrzeuge fuhren im Hof der FBI-Dienststelle Miami vor. Als der Dienststellenleiter und ich dazukamen, entriegelte ein Mann vom Sondereinsatzkommando gerade die Hecktür des Transporters und schwang sie auf. Drinnen saßen an diesem schwülheißen Tag zwei sehr stolze, verschwitzte Agenten, die gerade so viel Geld gefunden hatten, wie sie in ihrem Leben noch nie gesehen hatten. Sie waren so begeistert, dass sie ihren Chefs die Früchte ihrer Arbeit vorführen wollten und im Wagen einen »Geldregen« veranstalteten. Lose Geldscheine flatterten im Laderaum herum und bedeckten den Boden. Der Chef und ich sahen uns an. *Erstens kommt es anders …* Ich sagte den beiden Agenten, sie sollten sich kurz frisch machen gehen, während der Boss und ich besprachen, wie es weiterging.

Ich erklärte ihm noch einmal, das Geld sei als Beweismittel für die Spurensicherung wichtig, aber vor allem erwarte der Bundesanwalt, dass jede Einzelheit unseres Einsatzes, auch das Verhalten der beteiligten Agenten, vor Gericht auseinandergenommen würde. Der Chef und ich berieten uns, wie wir die Agenten am besten vor der Anschuldigung des Diebstahls schützen könnten, nachdem sie buchstäblich in einem Haufen einzelner Scheine gesessen hatten. Ich wies außerdem darauf hin, dass unser Operationsplan für die Verteidigung einsehbar war, die unsere Bewachung des Bargelds in Zweifel ziehen könnte, indem sie die beiden Agenten ins Verhör nahm und sie beschuldigte, mit dem Geld herumgespielt zu haben. Der Chef dachte nach und meinte dann, am besten könnten wir den Schaden für die beiden Männer begrenzen, indem wir sie von einem Vorgesetzten diskret aufs Klo bringen und dort durchsuchen ließen und so dokumentierten, dass sie keine Banknoten an sich genommen hatten. Ich war einverstanden.

Der Dienststellenleiter rief den Leiter des unserem Büro zugeordneten National Security Branch als neutrale und befugte Vertrauensperson zu sich, und erklärte ihm, er solle dokumentieren, die beiden Agenten seien »sauber«. Der Mann war nicht begeistert, aber dazu bereit, nachdem ihm mein Chef die Gründe dargelegt hatte. Ich erklärte den beiden Agenten, was ihnen bevorstand und warum. Beide waren ebenfalls einverstanden. Mein Kollege brachte sie in den Umkleideraum, wo sie sich weit genug entkleideten, dass er bezeugen konnte, alles Bargeld sei noch im Geldtransporter. Wir dokumentierten unsere Vorsichtsmaßnahme und dachten, damit sei alles in Ordnung, aber unsere Bemühung um die Glaubwürdigkeit unserer Ermittlung wurde bald infrage gestellt.

Der Dienststellenleiter und ich verbrachten das nächste Dienstjahr als Beschuldigte in einem Disziplinarverfahren des OPR. Einige Tage nach den Durchsuchungsaktionen hörte ich von Gruppenleitern im Büro, dass die Gerüchteküche brodele. Der Chef und ich hätten Agenten gezwungen, sich »nackt auszuziehen und abtasten zu lassen«, weil »wir unseren Agenten nicht vertrauten«. Die Gerüchte drangen bis in die Zentrale vor und lösten eine interne Ermittlung aus, die jeden Aspekt unseres Operationsplans und unserer Entscheidungsfindung in allen Einzelheiten untersuchte. Die Agenten, Gruppenleiter, Staatsanwälte und schließlich auch der Dienststellenleiter und ich wurden dazu befragt.

Das Verfahren zog sich endlos hin, und mir entging die Ironie nicht, dass der ehemalige Leiter einer OPR-Einheit jetzt selbst Beschuldigter in einer internen Ermittlung war. Der FBI-Code besteht aber nun einmal darin, dass kein Mitarbeiter, so hoch er in der Hierarchie auch stehen mag, darüber erhaben ist, sich rechtfertigen und aus möglichen Fehlern lernen zu müssen. Als ich mit meiner Aussage an der Reihe war, erklärte und verteidigte ich den Ermittlern gegenüber meine Überlegungen damals auf dem Parkplatz hinten im Hof. Der Chef und ich hätten die Sache mit dem losen Bargeld auf sich beruhen lassen können, aber damit die Beweismittel in einem wichtigen Fall gefährdet. Wir bemühten uns, ihren Wert für die Anklage zu erhalten und den Ruf der beiden Agenten zu schützen, auch wenn es Gerede gab. Ich war mir meiner Sache ganz sicher.

Allerdings fragte ich mich auch, was ich hätte besser machen können. Ich hatte offensichtlich trotz schriftlicher Planung und mündlicher Einsatzbesprechung nicht alles, worauf es ankam, deutlich machen können, wenn das Durchsuchungsteam nicht gewusst hatte, wie es mit dem Bargeldfund umgehen sollte. Hatten die Agenten, die im Umkleideraum durchsucht wurden, nicht genau verstanden, worum es ging, hatte ich mich nicht klar genug ausgedrückt? Ein Jahr nach Beginn des Verfahrens kam ein kurzer Brief aus der Zentrale: Die Ermittlungen seien eingestellt worden, ein Fehlverhalten sei mir nicht vorzuwerfen, Anlass für eine Disziplinarmaßnahme bestehe nicht. Das bestätigte, was der Dienststellenleiter und ich schon wussten: Mangelnde Kommunikation hatten die Gerüchte darüber ausgelöst, was am Tag der Durchsuchungen geschehen war. Ich hatte eine ordentliche Lektion darüber erhalten, wie eng Kommunikation und Glaubwürdigkeit zusammengehören.

Das FBI verlässt sich auf seine Glaubwürdigkeit. Jedes Mal, wenn ich meine Erkennungsmarke und den Dienstausweis aus der linken Brusttasche meines Sakkos zog, das Lederetui aufklappte und die drei leuchtend blauen Buchstaben über meinem Foto vorzeigte, verließ auch ich mich darauf. *Credentials* (Dienstausweis) und *credibility* (Glaubwürdigkeit) sind im Englischen Fremdwörter mit derselben lateinischen Wurzel *cred-* wie etwa in *credere* »glauben«. *Credentials* bezeichnet aber mehr als bloß den Ausweis, den man als Legitimation vorzeigt. Es ist »eine Qualifikation, eine Leistung, persönliche Eigenschaft oder ein Hintergrund, gewöhnlich zur Begründung der Eignung für eine Aufgabe«. Mit den *credentials* macht man sich also glaubwürdig (*credible*, von lateinisch *credibilis*) für eine Aufgabe. Wie wichtig es ist, dass die Öffentlichkeit den Dienstausweis, den jeder FBI-Agent bei sich trägt, für glaubwürdig hält, sieht man, wenn man ihn das erste Mal vorzeigt – und auch in den seltenen Fällen, wenn er nicht respektiert wird.

Ungefähr zwei Jahre, nachdem ich versetzt worden war, ging in der FBI-Zentrale ein verlässlicher Hinweis ein, dass auf einen indischen Politiker, der Atlanta besuchte, ein Anschlag geplant war. Der Sikh-Führer hatte geholfen, einen kurzen Waffenstillstand zwischen der indischen Regierung und militanten Sikhs zu vermitteln. Anscheinend hatte ihm das den Hass der Sikhs eingebracht. Das FBI ist normalerweise nicht für den Personenschutz ausländischer Würdenträger zuständig, in diesem

Fall aber schon, weil es um eine terroristische Bedrohung ging und wir keinen internationalen Zwischenfall im schönen Georgia wollten. Ich gehörte zu den Agenten, die den Politiker rund um die Uhr bewachten. Am letzten Tag des Einsatzes, als unser Schützling in die Heimat zurückfliegen wollte, erfuhren wir, der Attentäter sei in Atlanta und wolle denselben Flug nehmen. Laut unseres Informanten sollten wir nach einem Mann mit safranfarbenem Turban Ausschau halten.

Ich war, sozusagen als Vorauskommando, schon auf dem Weg nach Atlanta-Hartsfield, eine ganze Weile bevor unsere Leute mit dem Politiker ankommen würden. Plötzlich gab mir der Gruppenleiter eine Nachricht durch. Er wies mich an, so schnell wie möglich durch die internationale Abflughalle zum Gate zu gehen und Bescheid zu sagen, ob ich jemanden mit einem safranfarbenen Turban ausmachen konnte. Er sei mit dem Rest der Gruppe als Verstärkung unterwegs. Ich lief mit gezücktem Dienstausweis durch die Sicherheitskontrolle der Abflughalle und fand das richtige Gate für den Lufthansaflug nach Deutschland mit Anschluss nach Indien. Als ich sah, dass die Fluggäste, die bereits im Abflugbereich warteten, keinerlei turbanartige Kopfbedeckungen trugen, atmete ich erleichtert auf und funkte meinem Chef zurück: »So weit, so gut«. Diese Lagebeurteilung erwies sich als voreilig, und meinen FBI-*Credentials* stand ein harter Glaubwürdigkeitstest bevor.

Kurz nach meiner optimistischen Rückmeldung schlenderte ein Mann mit einem leuchtend orangefarbenen Turban zum Gate. Ihm folgten zwei andere und dann wiederum vier Typen mit gleichfarbigen Kopfbedeckungen. Das machte sieben potenzielle Sikh-Attentäter gegen einen einzelnen FBI-Agenten. Ich war 28 Jahre jung und hielt dieses Verhältnis durchaus für ausgewogen. Ich rief den Boss an und meldete über Funk die neue Lage. Weil möglicherweise auch Kinder dieses Buch lesen, gebe ich seine Antwort lieber nicht wieder; er reagierte ziemlich lebhaft. Ich solle den Manager des Lufthansa-Terminals herbeischaffen, wies er mich dann an, und ihm sagen, er solle den Abflug stoppen. Inzwischen wurden die Passagiere bereits zum Boarding aufgerufen.

Ich ging zum Sicherheitsmann am Gate, ließ ihn diskret einen Blick auf meinen Dienstausweis werfen und bat ihn, den Terminal-Manager zu holen. Es dauerte ewig – zumindest kam es mir so vor –, bis dieser auftauchte, während immer mehr Fluggäste an Bord gingen. Endlich erschien ein großer blonder, makellos gekleideter Herr, der wie das Klischee eines Deutschen aussah, schaute auf mich herunter und fragte gereizt mit deutschem Akzent: »*What's the problem?*« Ich bat darum, ihn kurz ungestört sprechen zu können. Er lehnte ab. Ich zeigte ihm den Dienstausweis, erklärte, es gebe eine Terrordrohung gegen den Flug, und die Sicherheit der Fluggäste sei gefährdet. Die Maschine dürfe vorläufig nicht abheben. Er fragte, wie lange nicht. Ich sagte ihm, so lange nicht, bis wir bestimmte Fluggäste befragt und ihr gesamtes Gepäck untersucht hätten. Mit schwerem deutschen Akzent informierte mich der Manager stolz: »Dieser Flug ist bisher immer pünktlich gestartet, und er wird auch heute Abend pünktlich starten.« Jetzt wurde meine Glaubwürdigkeit auf die Probe gestellt.

»Entweder holen Sie selbst den Piloten aus dem Cockpit, oder ich übernehme das – Sie haben die Wahl«, gab ich zurück. Das war elf Jahre vor dem 11. September, und ich war selbst nicht sicher, ob der Flugkapitän auf einen einsamen FBI-Agenten mit einem seltsamen Verdacht hören würde, aber ich fand, es war der nächste logische Schritt. Der Terminal-Manager knurrte ungehalten, verschwand aber im Gang zur Fluggastbrücke und kam kurz darauf mit dem Piloten zurück. Inzwischen war das Boarding fast abgeschlossen, und ich wartete immer noch darauf, dass sich die Verstärkung durch den Feierabendverkehr zu mir durchkämpfte. Mit dem Piloten zog ich mich in ein stilles Eckchen zurück, zeigte abermals meinen Dienstausweis und erklärte, wir müssten mit Gewissheit annehmen, auf einen seiner Fluggäste sei ein Anschlag geplant, der womöglich während des Fluges ausgeführt würde. Alle Fluggäste müssten wieder aussteigen, damit wir einige davon befragen und ihr Gepäck durchsuchen könnten. »*Okay, you're the boss*«, erwiderte der Pilot, ebenfalls mit deutschem Akzent. Ich hatte gerade eine internationale Linienmaschine voller Passagiere vom Start abgehalten. Die drei leuchtend blauen Buchstaben *FBI* auf meinem Dienstausweis hatten den Glaubwürdigkeitstest bestanden.

Die Kavallerie kam in Gestalt meines Gruppenchefs und meiner Kollegen. Sie brachten einen Zollbeamten mit und platzierten unseren indischen Politiker einstweilen in eine Arrestzelle. Der Zoll war bereit, alles Gepäck der Passagiere aus dem Frachtraum zu holen, zu durchsuchen und mit Sprengstoffspürhunden zu kontrollieren. Die Fluggäste wurden angewiesen, die Maschine zu verlassen, ihr Handgepäck mitzubringen, um es ebenfalls durchsuchen und auf Sprengstoff prüfen zu lassen. Wir verglichen die Namen auf der Passagierliste mit denen sämtlicher verfügbarer Datenbanken und befragten die Träger der safranfarbenen Turbane einzeln. Alle hatten ordnungsgemäße Papiere und plausible Gründe für ihre Reise. Wir hatten ein Flugzeug voller unbewaffneter, friedlicher Personen vor uns. Wir hatten aber auch die Pflicht, unseren Schützling von dem geplanten Anschlag auf ihn zu informieren. Der Flug war sicher, er aber weiter in Gefahr.

Der Mann zuckte mit den Schultern. Als wir ihm vorschlugen, vielleicht lieber nicht nach Indien zurückzukehren, meinte er fatalistisch: Wenn er sterben sollte, so würde er sterben. Wenn seine Zeit gekommen sei, könne er nichts dagegen unternehmen. Er kam wohlbehalten zu Hause an, das FBI hatte seinen Job getan. Aber sein Leben währte wirklich nicht lange, nachdem er seine Arbeit in Indien wiederaufgenommen hatte. Er wurde mitsamt seinen Leibwächtern während einer Autofahrt erschossen. Der Politiker hatte nicht Unrecht – man kann nicht gegen alles Vorsorge treffen, was passieren könnte. Das FBI hängt allerdings so sehr davon ab, seine Glaubwürdigkeit zu wahren, dass es sich jede Mühe gibt, sie nicht infrage stellen zu lassen. Manchmal kann man einer Gefahr nicht trotzen, und manchmal ist diese Gefahr tödlich, so zum Beispiel im Fall von Robert Hanssen, einem unserer eigenen Männer.

Glaubwürdig bleibt das FBI unter anderem deshalb, weil es seine eigenen Fehler aufdeckt, eingesteht, den verdienten Tadel einsteckt und das Problem in Ordnung bringt. Weder vertuscht die Organisation etwas, noch redet sie Dinge schön, sondern schluckt die bittere Pille. Das gilt auch dann noch, wenn die Einzelheiten furchtbar sind, und sogar dann noch, wenn sie so erschreckend sind, dass ich, als ich im Autoradio davon hörte, überlegte, ob ich nicht anhalten sollte, um keinen Auffahrunfall zu verursachen. Es galt auch dann, als ich in den Nachrichten hörte, dass mein allererster Vorgesetzter in der Zentrale die letzten zwanzig Jahre für die Russen spioniert hatte. Es war der 20. Februar 2001, und ich war auf halbem Weg zu meinem Büro in der Dienststelle Miami.

»Möglicherweise das größte Spionagedesaster in der Geschichte der USA«, erklärte das Justizministerium, nachdem Robert Philip Hanssen wegen Spionageverdachts festgenommen worden war. Mein ehemaliger Chef »Bob« sitzt seitdem fünfzehn lebenslängliche Haftstrafen hintereinander ohne Bewährung im Hochsicherheits-Bundesgefängnis in Colorado ab. Er wurde nur deshalb nicht zum Tode verurteilt, weil er sich bereit erklärte, mit den Ermittlern bei der Bestimmung des Schadens zusammenzuarbeiten, und um seiner Frau die Witwenrente zu erhalten.

Hanssen hatte schon 1979 angefangen, die USA zu verraten, als er sich nur drei Jahre nach seinem Eintritt in das FBI den sowjetischen Geheimdiensten als Quelle anbot.

Im Laufe seiner Tätigkeit spielte er für eine Gegenleistung von fast anderthalb Millionen Dollar in Bargeld und Diamanten den Sowjets und später den Russen Tausende vertraulicher Dokumente zu. Er vermachte dem Gegner die amerikanischen Atomkriegspläne, Blaupausen neuer Waffen und bot eine wahre Goldgrube an Gegenspionageaktionen. Unter anderem enthüllte er, dass es einen Tunnel des FBI unter der sowjetischen Botschaft in Washington gab. Am verstörendsten war, dass Hanssen die Namen russischer Geheimdienstoffiziere, die insgeheim für die USA arbeiteten, verriet. Dieser Mistkerl war verantwortlich dafür, dass die Russen bis zu zehn unserer besten Informanten hinrichteten.

Die ganze Zeit über, die er für die Russen spionierte, hielt Bob seine Identität ihnen gegenüber geheim. Sie kamen nie dahinter, wer ihre beste Quelle in Washington war, und auch für das Team aus Spionageabwehrfachleuten von FBI und CIA, die im Geheimen abgestellt worden waren, ihn zu finden und zu stoppen, blieb er viel zu lange ein Rätsel. Hanssen spionierte gleichzeitig mit Aldrich Ames von der CIA für die Russen, wie wir inzwischen wissen. Aber auch, nachdem Ames enttarnt und verhört worden war, wurden weiterhin Geheimnisse an die Sowjets verraten. Unter anderem endeten die Ermittlungen des FBI gegen Felix Bloch, einen Beamten im US-Außenministerium, ergebnislos, weil seine russischen Auftraggeber plötzlich den Kontakt zu ihm abbrachen. Das FBI gründete eine geheime Sonderkommission, um dem Unbekannten auf die Schliche zu kommen, der uns weiterhin Schaden zufügte. Ich war ein junger Gruppenleiter in der Zentrale, als einige erfahrene Kollegen zu einem »Sonderprojekt« an einem unbekannten Ort versetzt wurden. Sie waren auf der Jagd nach »Bob«, wussten aber natürlich noch nicht, dass er es war.

Hanssens Geschichte ist inzwischen in Büchern, Kinofilmen und Fernsehsendungen erzählt worden. Seine Kindheit, die Beziehung zu seinem Vater, seine finanziellen Verhältnisse, sein Sexleben, seine Verbindungen zum katholischen Laienorden Opus Dei sind von Psychologen, Profilern und Spionageabwehragenten analysiert worden. Alle, die direkt unter Bob gearbeitet hatten, darunter auch ich, wurden ausführlich befragt, um herauszufinden, welche Warnzeichen übersehen worden waren. Wir alle haben unsere Meinung über diesen merkwürdigen Menschen, der fast wie ein Asperger-Patient anmutete, aber ich erschrak vor allem, als ich lange nach seiner Verhaftung befragt wurde und mir nachträglich aufging, dass er mich ja selbst zum Führungsoffizier eines Doppelagenten gemacht hatte:

Ausländischen Geheimagenten in den USA das Leben schwer zu machen, gehört zu den inoffiziellen Aufgaben eines FBI-Spionageabwehragenten. Wenn man einem Spion seine Pläne verdirbt, ihm die Informanten umdreht, in seinem Leben herumschnüffelt, seine Frau und seine Geliebte anwirbt, kann man ihn zur Verzweiflung treiben und seine Arbeit zunichtemachen. Tut man das landesweit, kann man einen kompletten ausländischen Geheimdienst außer Gefecht setzen. Das ist die Aufgabe der Doppelagenten. Man muss dazu bloß den richtigen Typ Mensch finden, gewöhnlich einen echten Patrioten, der für ein Abenteuer zu haben ist. Der bietet sich dem ausländischen Agenten als Informant an, und der Spaß kann losgehen.

Die bösen Jungs müssen damit rechnen, dass dieser amerikanische Soldat, Seemann, Waffenfabrikant, Wissenschaftler oder Firmenchef vielleicht für das FBI arbeitet, aber sie können sich nie sicher sein. Wenn man einen Hundertdollarschein auf dem Bürgersteig liegen sieht, ist er vielleicht falsch oder hängt an einer Schnur und wird einem weggerissen, wenn man ihn aufheben will. Vielleicht ist er aber auch echt, und jemand hat ihn wirklich verloren. Also versucht man ihn aufzulesen. Manchmal beißt der ausländische Spion einfach deshalb an, weil die Quelle einen so guten Zugang zu militärischen, wirtschaftlichen oder diplomatischen Geheimnissen verspricht, dass er das Risiko eingeht. Wenn er den Köder schluckt, erfahren wir über unseren Doppelagenten genau, auf welche Geheimnisse das betreffende Land aus ist, welche es schon kennt, und wie und wo der fragliche Geheimdienst seine Informanten kontaktiert. Wenn alles gut geht, bezahlt die Gegenseite unseren Doppelagenten, und wir lehnen uns zurück und kassieren das Geld. Manchmal läuft es so gut, dass wir dem Gegner über den Doppelagenten gezielte Falschinformationen zuspielen können – zum Beispiel Konstruktionspläne eines Waffensystems, die er erst nach Jahren als gefälscht erkennt. Stellen Sie sich vor, man schiebt dem Feind im Krieg einen »geheimen« Schlachtplan zu, der ihn dazu bringt, einem direkt in die Arme zu marschieren, wie es wirklich passiert.

In meinen ersten Jahren draußen im Einsatz mauserte ich mich zu einem ganz guten Führungsoffizier für Doppelagenten. Die Einzelheiten sind alle geheim, aber die andere Seite fiel voll darauf herein. Ich durfte sogar Colin Powell persönlich die Ergebnisse berichten. Eines Tages aber war meine Operation plötzlich zu Ende. Die andere Seite erklärte unserem Doppelagenten kurz und bündig, sie breche den Kontakt sofort und für immer ab. Schluss, aus, fertig.

Wir fragten uns alle, was passiert war. Als meine Erfolgssträhne so plötzlich vorbei war, fragte ich mich, ob es nicht Zeit für eine Veränderung sei. Atlanta bot mir viele Möglichkeiten, aber vielleicht würde ich in der Zentrale hinsichtlich aller Operationen im Großen und Ganzen doch mehr über das weltweite Spionageabwehrspiel lernen. Ich war zwar noch ein bisschen jung, um mich aus einer Dienststelle in die Zentrale versetzen zu lassen, aber ich versuchte es trotzdem und bewarb mich intern um eine freie Stelle bei der Counterintelligence Division, der Spionageabwehr. Ein paar Wochen später klingelte mein Telefon. Ein Manager namens Bob Hanssen erklärte, er habe einen Job in seiner neu gegründeten Einheit für mich. Ich hielt mich für einen Glückspilz.

Jahre später erst begriff ich seine Motive, als die Leute, die Hanssen verhört hatten, mir gegenüber andeuteten, er habe einige Doppelagenten an die Gegenseite verraten. Ich erzählte den Hanssen-Ermittlern, er habe mir kurz nach meiner Versetzung in die Zentrale anvertraut, er habe meine Doppelagentenarbeit aus der Ferne bewundert. Er hatte meine Atlanta-Ermittlungsakten im zentralen Datensystem mitgelesen. Ich hatte das damals so verstanden, dass er sich, bevor er mit mir über meine Bewerbung sprach, über mich informieren wollte. Jetzt fragte ich mich, wie viel ihm die Russen für die Informationen über mich gezahlt hatten. Die meisten meiner Kollegen in Bobs Einheit hatten vorher Erfolge gegen die Russen verbuchen können. In dieser Einheit, die er neu aufgebaut hatte, ging es allerdings gar nicht gegen die Russen, sondern wir befassten uns mit neuartigen Zielen der Wirtschaftsspionage. Warum hatte Bob also gerade Leute wie uns ausgesucht? Meiner Meinung nach hatte er einen der folgenden drei Gründe: Entweder hatte Hanssen Schuldgefühle gegenüber den Agenten, deren Operationen er gegen Bezahlung hatte auffliegen lassen, oder wir hatten ihn mit unseren Erfolgen gegen den Feind, für den er arbeitete, doch beeindruckt. Oder er wollte die FBI-Leute, deren Operationen er zunichte gemacht hatte, genau im Augen behalten. Jedenfalls wusste ich endlich, wieso mein Doppelagent damals verbrannt war. Für mich war das ein Anlass, die Glaubwürdigkeit unserer Operationen und unserer Arbeitsweise infrage zu stellen.

Warum erzähle ich den Hanssen-Fall in einem Kapitel, das sich um Glaubwürdigkeit dreht? Schließlich unterlief dem FBI nicht nur ein kapitaler Fehler, als es diesen Verräter einstellte, sondern es ignorierte auch sämtliche Alarmzeichen – und die gab es reichlich. Hanssen hatte sechs Kinder, die sämtlich teure Privatschulen besuchten. Seine Frau war Hilfslehrerin, und er brachte nur das mäßige Gehalt eines Beamten im mittleren Dienst nach Hause. Wie konnten sich die Hanssens das Schulgeld leisten? Aber es kommt noch schlimmer: Hanssens Schwager, ebenfalls FBI-Agent, meldete uns, Bob habe einen Haufen Bargeld auf dem Nachttisch, und forderte, man sollte ihn als möglichen Spion unter die Lupe nehmen. Das war immer noch nicht alles: Während Hanssen die Nation verriet, stolzierte er eines Tages ins Büro seines Abteilungs-leiters und knallte ihm einen Geheimbericht auf den Schreibtisch, den er aus dem Computer seines Chefs gehackt hatte. Bob sagte, er habe lediglich auf Sicherheitslücken des Systems hinweisen wollen, aber in Wirklichkeit wollte er sich wohl bloß absichern. Trotzdem – was hat das alles mit der Glaubwürdigkeit des FBI zu tun?

Glaubwürdig zu sein, bedeutet nicht, vollkommen zu sein, sondern Vertrauen zu genießen. Die Öffentlichkeit vertraut darauf, dass man das Richtige tut, auch wenn es schmerzt. Als wir wussten, dass es in den Sicherheitsbehörden irgendwo einen Maulwurf gab, setzte sich das FBI an die Spitze der Verfolgung, um ihn aufzustöbern, wo und wer immer er sein mochte. Eine Maulwurfsjagd ist eine hässliche Sache, das Leben der Verdächtigen wird auf den Kopf gestellt. Die Kollegen von der Spio-nageabwehr beteten darum, der Schuldige möge keiner der ihren sein. Sie nahmen sich potenzielle Verdächtige aus allen Polizeibehörden und Geheimdiensten vor. Eine Weile glaubten sie, es sei jemand in der CIA. Schlimm genug. Aber als die schwer erkämpften Beweise dann auf Hanssen wiesen, stürzten sie sich auf ihn. Er wurde an einem kalten Februarmorgen 2001 in einem Park nahe seinem Wohnort in Virginia mit vorgehaltener Waffe festgenommen, als er gerade seine letzte Ladung Geheimdokumente in einem toten Briefkasten deponiert hatte. Damit fing die Arbeit des FBI erst an.

Als einen Tag später immer noch kein Russe aufgetaucht war, um den toten Briefkasten zu leeren, und es damit keinen Grund mehr gab, die Festnahme geheim zu halten, gab FBI-Director Louis Freeh eine Presseerklärung heraus. Das FBI vertuschte nichts, gab seine Fehler zu, redete sich nicht heraus. Wir hatten Mist gebaut, und wir standen dazu.

Das FBI würde die zu erwartenden Vorwürfe nicht nur akzeptieren, sondern war vor allem schon dabei, den Fall zu untersuchen, um den Schaden zu minimieren und die Sicherheitslücken zu stopfen, die zum größten Verrat in der Geschichte der Behörde geführt hatten. Um das Vertrauen der Öffentlichkeit zurückzugewinnen, musste die Schadensbehebung genauso gut sichtbar sein wie die Fernsehbilder von Hanssen, wie er in Handschellen abgeführt wurde. Glaubwürdig zu bleiben kann wehtun.

Ich erspare Ihnen die Einzelheiten der zahlreichen neu eingeführten, überarbeiteten oder einfach verschärften Sicherheitsmaßnahmen, die der Hanssen-Fall mit sich brachte. Die zuständigen Kongressausschüsse wurden über alle Einzelheiten genau unterrichtet. Die Security Division, der interne »Geheimdienst« des FBI, wurde verstärkt. Alle Mitarbeiter müssen Jahr für Jahr eine erschreckend umfangreiche Erklärung ihrer Familienfinanzen abgeben. Finanzexperten sehen sich genau an, wie viel der betreffende Haushalt einnimmt und ausgibt. Hypothekenzahlungen, Kreditraten für das Auto, fälliges Schulgeld und Privatkredite werden gegen sämtliche Löhne und Gehälter, Mieteinnahmen, Geschenke und Erbschaften aufgerechnet. Wie viel verdient Ihr/e Ehepartner/in? Wie lauten die Fahrgestellnummern sämtlicher Kraftfahrzeuge Ihres Haushalts? Es geht nicht nur darum, unerklärlichen Reichtum aufzuspüren, sondern auch frühzeitig zu erkennen, wenn ein Agent mit Top-Secret-Freigabe über seine Verhältnisse lebt und in Versuchung geraten könnte, Geld vom Gegner zu nehmen. Und das ist noch nicht alles.

Alle fünf Jahre muss jeder FBI-Mitarbeiter jetzt eine vollständige Hintergrundüberprüfung über sich ergehen lassen, als ob er sich gerade erst neu bewürbe. Nachbarn, Kollegen und die Polizei seines Wohnorts werden befragt, der Mitarbeiter selbst muss ausführlich Auskunft über angegebene Auslandsreisen geben, sein Reisepass wird auf Reisen hin überprüft, die er nicht angegeben hat. Ausländische Kontaktpersonen müssen angegeben und erklärt werden, auch Verwandte und Freunde im Ausland. Als ich Assistant Director war, hatte ich viele Auslandskontakte. Es gehörte zu meinem Beruf, mich mit den Briten, den Aussies, den Kiwis und den Kanadiern zu treffen, um das Netzwerk zu stärken. Außerdem hatte ich viele hochgeheime Gespräche mit Geheimdienstlern einer ganzen Reihe fremder Länder, weil das dienstlich erforderlich war. Hatte ich jemals Geheiminformationen an ausländische Personen weitergegeben? Ja, natürlich. Ich musste das alles aufzählen und rechtfertigen. Dann kommt ein Lügendetektortest, einschließlich Maßnahmen, die verhindern sollen, dass man die Maschine überlistet. Wenn man alle diese Prüfungen besteht, wird man eine Weile in Ruhe gelassen – zumindest bis zur Urinprobe oder einem weiteren Lügendetektortest, die einen nach dem Zufallsprinzip jederzeit treffen können. Wenn man nicht besteht, wird es kompliziert. So wahrt das FBI seine Glaubwürdigkeit, aber es ist anders als andere Regierungsbehörden.

Politiker oder gar der Präsident würden Zeter und Mordio schreien, wenn jemand ihre Glaubwürdigkeit so überprüfen würde, wie es das FBI bei seinen Mitarbeitern macht. Selbst die Polizei bei Ihnen vor Ort würde mit Anzeigen wegen Verletzung von Persönlichkeitsrechten und Beschwerden der Polizeigewerkschaft überschüttet, wenn sie ihr Personal derart scharf durchleuchten würde. Aber Glaubwürdigkeit ist aufwendig, und die Aufgaben des FBI sind viel zu wichtig, als dass man sie gefährden dürfe. Wenn zu viele Menschen das Vertrauen in einen gewählten Beamten verlieren, wird der Betreffende seines Amtes enthoben oder abgewählt und ein neuer gewählt. Einen Ersatz für das FBI aber gibt es nicht. Das bestehende FBI ist ein Grundpfeiler des Staates, darf also seine Glaubwürdigkeit nie verlieren. Die Sicherheit der Nation ist auf Glaubwürdigkeit angewiesen, von ihr hängt der Auftrag des FBI ab.

Ob ein einzelner Mitarbeiter das in ihn gesetzte Vertrauen missbraucht oder die Glaubwürdigkeit der gesamten Behörde unter Beschuss gerät – es steht mehr als nur der Auftrag des FBI, die innere Sicherheit zu wahren, auf dem Spiel. Sämtliche Aufgaben der Behörde litten darunter, müssten unsere Informanten Angst haben, ihre berufliche Zukunft oder gar ihr Leben dem FBI-Agenten anzuvertrauen, der ihnen gerade am Tisch gegenübersitzt. Das gilt auch für jeden Bürger, der einem FBI-Agenten eine Auskunft geben soll. Wenn der Agent seinen

Dienstausweis zückt und einen bittet, das Richtige zu tun und zu sagen, was man gesehen oder gehört hat oder weiß, dann steht das ganze FBI an der Haustür. Wenn man dann dem FBI nicht zutraut, dass es besser als der Verdächtige ist, gegen den ermittelt wird, hat das System versagt. Deshalb ist Glaubwürdigkeit gerade für das FBI so wichtig, um seine Aufgabe zu erfüllen, mächtigen, aber korrupten Politikern, Beamten und Polizisten das Handwerk zu legen.

Keine Polizeibehörde ist erfolgreicher im Kampf gegen Bestechlichkeit im Dienst als das FBI. Ob es um den örtlichen Hundefänger, den Bürgermeister, den Gouverneur des Bundesstaats, einen Kongressabgeordneten oder sogar den Präsidenten geht – wenn ein Beamter seine Dienstpflichten verrät, verrät er das Vertrauen der Bürger. Erfolgreiche Korruptionsermittlungen wirken sich umfassend und dauerhaft auf die gesamte Politik einer Stadt, eines Countys oder eines Bundesstaats aus. Wenn man ein oder zwei schwarze Schafe aus der Gesamtheit herausliest, bleiben die anderen unbeschadet, und das Vertrauen der Öffentlichkeit wird wiederhergestellt. Bestechlichkeit bei gewählten oder ernannten Beamten untergräbt nicht nur Regierung und Verwaltung, sondern nimmt mit der Zeit deren Platz ein. So verhielt es sich mit dem County, in dem sich Cleveland, Ohio, befindet. Das System verrottete von innen heraus, und der Gestank machte alle krank.

Für erfolgreiche Korruptionsermittlungen braucht man Informanten und muss Telefone abhören. Diese Ermittlungen laufen meist zäh, weil Personen, die das Richtige tun wollen, die Rache der mächtigen Amtsträger fürchten, gegen die sie aussagen. Das galt auch für uns, ganz gleich, ob wir gegen einen bestechlichen Bauinspektor oder einen Polizisten mit Dreck am Stecken ermittelten. Diese Fälle fielen uns nicht einfach in den Schoß. Selbst wenn sich ein Betroffener beim FBI meldete – gewöhnlich weil er dem persönlichen oder beruflichen Druck nicht mehr standhielt, den es bedeutet, Bestechungsgeld zu zahlen oder den Zuständigen einen Gefallen tun zu müssen, um etwas genehmigt zu bekommen –, würde ihm das Gericht nicht unbesehen glauben. Wir mussten objektive Beweise vorlegen können – dies ist eine der Stärken des FBI. Wir suchten weitere Informanten, arbeiteten uns durch Berge von Schriftstücken, verfolgten Finanztransaktionen und stellten damit genug Indizien zusammen, um von einem Richter die Genehmigung zu erhalten, ein Telefon abzuhören. Am schwierigsten war es, Informanten zu gewinnen, zu halten und zu kontrollieren.

Die Informanten hatten oft selbst etwas zu verbergen. Vielleicht waren sie vorbestraft oder hatten so viel Angst vor Konsequenzen ihrer Aussage gegen die Mächtigen, dass sie nicht als Zeugen vor Gericht auftreten wollten. Bei Ton- und Bildaufnahmen und unseren eigenen verdeckten Ermittlungen war das natürlich kein Problem. Solche aufwendigen Ermittlungsmethoden halfen uns sehr im Fall des kriminellen Commissioners von Cuyahoga County.

Jimmy Dimora spielte dort praktisch die Rolle des Capos einer Mafia-Familie. Er war von 1998 bis 2010 Commissioner, eine Art Landrat, des Countys und lange auch Ortsvorsitzender der Demokratischen Partei. Davor war er 17 Jahre lang Bürgermeister von Bedford Heights gewesen. Diese ganzen Jahre mussten die Bürger im Raum Cleveland mit Dimoras Bakschischforderungen, seiner Ausplünderungspolitik und der Zweckentfremdung von Steuergeldern leben. Irgendwann reichte es dann einigen von ihnen.

Als ich meinen Posten als Leiter des FBI für Nord-Ohio antrat, wunderte ich mich, warum Cleveland so heruntergekommen wirkte. Warum entwickelte sich diese Stadt nicht weiter? Wo sind die neuen Geschäfte, Hotels und Wohnhäuser? Ein langes schönes Seeufer, Wohnvororte in Innenstadtnähe mit ausgezeichneten Schulen, erfolgreiche Football-, Basketball- und Baseball-Profimannschaften, die lebendigste Theaterszene außerhalb New Yorks, eine ausgezeichnete Cleveland Clinic – das müsste doch einen Wirtschaftsaufschwung bringen? Die Einheimischen, die ich danach fragte, zuckten nur mit den Schultern und gaben alle möglichen Gründe an, etwa die Kälte im Winter oder den Zusammenbruch der Auto- und Stahlbranche, warum die Stadt ihren schlechten Ruf als »der Fehler am See« nicht abschütteln konnte. Das alles trug zwar durchaus zur Stagnation der Stadt bei, aber die Besprechungen mit unserer Antikorruptionsgruppe zeigten, dass noch mehr dahintersteckte.

Unsere Ermittlungen fingen klein an, innerhalb der Stadt, wuchsen aber bald zu einer Lawine von Anklagen an, die das ganze County überrollte. Frustrierte Geschäftsinhaber und Bauunternehmer hatten es satt, die Bauinspektoren der Stadt bestechen zu müssen, um etwas erreichen zu können. Ein verdeckter Ermittler, der sich als Bauunternehmer ausgab, bot einem Bauinspektor nach dem anderen Bestechungsgeld an, und alle nahmen es an. Unsere Agenten drehten einen dieser korrupten Inspektoren um und überredeten ihn, eine große Summe vom Chef einer der großen Baufirmen anzunehmen, von dem wir wussten, dass er nicht sauber war, und tatsächlich steckte der Baulöwe dem Inspektor Bargeld zu. Als wir ihn dort auf dem Parkplatz festnahmen, meinte er: »Wieso nehmen Sie mich hops? Schnappen Sie sich lieber Dimora und Russo und diese Typen.« Jetzt ging es auf einmal nicht mehr um die städtischen Bauinspektoren, sondern um die Lokalverwaltung.

Cuyahoga County, der Landkreis mit der zweitgrößten Bevölkerung im Bundesstaat Ohio, wurde von drei gewählten Commissioners regiert. Alle drei übten ihr Amt nach eigenem Gutdünken aus. Sie entschieden darüber, wen das County einstellte, was der Korruption Tür und Tor öffnete: Bevorzugung persönlicher Bekannter, Vergabe von Ämtern an Freunde und Verwandte, die nicht mit Pflichten verbunden waren, und jede Menge Bestechung. Millionenschwere Aufträge für Straßenbau und Brückenwartung, Bau und Renovierung von Amtsgebäuden, Hausmeisterdienste, Winterdienst und Rasenmähen auf County-eigenen Grundstücken mussten von den Commissioners genehmigt werden, und eine Genehmigung von Dimora gab es nicht umsonst.

Der fettleibige Dimora speiste gerne in gehobenen Restaurants. Allerdings bezahlte er nicht gerne. Sein Lieblingsgericht waren massive Steaks, dazu trank er Crown-Royal-Whisky. Wenn er und sein Komplize Frank Russo, ein verbeamteter Steuerprüfer des Countys, zum Beispiel in dem bekannten Steakhaus Delmonico's aßen, bestellte Dimora sich das 650-Gramm-Cowboy-Steak. Restaurantrechnungen in Höhe von drei- oder viertausend Dollar waren nicht ungewöhnlich – warum auch, er musste ja nicht bezahlen. Den Preis bezahlten die anderen.

Wer blauäugig genug war, sich ganz normal um einen Auftrag oder eine Stelle beim County zu bewerben oder um einen Gefallen bat, konnte gleich einpacken. Dimora bekam oft unter dem Tisch Umschläge mit Bargeld zugeschoben, die genauso dick wie sein Steak auf dem Teller waren. Manchmal musste ein Angestellter des Countys die Rechnung bezahlen, wenn er seinen Job behalten wollte – es sei denn, er fand einen Weg, die Kosten als Spesen abzurechnen und sie dem Steuerzahler aufzubürden. Dimora und Russo nannten die Leute, die ihre Rechnungen bezahlten, »Sponsoren«: »Hey Frank, wer ist denn heute Abend unser Sponsor?«

Abendessen im Luxusrestaurant waren nicht das Einzige, was die Sponsoren bezahlten. Aufwendige Reisen nach Las Vegas und Kanada beinhalteten auch den bezahlten Aufenthalt in Resorts und Spielkasinos der Spitzenklasse, einschließlich ausgewählter Prostituierter für Dimora. Das FBI-Überwachungsteam beschattete den Commissioner bei einem der »geschenkten« Ausflüge nach Vegas und fotografierten ihn in einem Nudistenresort. Zum Glück behielt Jimmy die Badehose an.

Inzwischen überwachte unsere Dienststelle Dimora und andere Großkopferte des Countys schon eine Weile. Ein Bundesrichter hatte das Abhören ihrer Telefone genehmigt und verfolgte unsere Fortschritte genau. Wenn ich die Mitschriften von Dimoras Telefonaten las, fragte ich mich oft, ob ich nicht an das Drehbuch einer vergessenen Folge der *Sopranos* geraten war. Was wir zu hören bekamen, zeigte, dass der Verwaltungsbezirk de facto ein einziges Kartell geworden war. Die Liste der überwachten Beamten wurde immer länger, immer mehr von ihnen wurden abgehört, bis der Fall nicht nur unsere gesamte Antikorruptionseinheit in Anspruch nahm, sondern die ganze Dienststelle.

Die Korruption durchdrang das öffentliche Leben im County so vollständig und hatte so viele große Unternehmen erfasst, dass unser neuer Bundesanwalt Steve Dettelbach, ein integrer Mann, sich sofort wegen Befangenheit aus den Ermittlungen zurückzog, bevor er noch die Ermittlungsakte gelesen hatte. Die Anwaltskanzlei, der er zuvor angehört hatte, war mit einem der möglichen Verdächtigen geschäftlich verbunden, und Dettelbach wollte auch den bloßen Anschein eines Interessenkonflikts vermeiden, um unsere aufwendigen Ermittlungen nicht zu gefährden. Steve kämpfte entschlossen gegen Korruption, sodass ihm der Rückzug nicht leicht fiel, aber so wahrt man die Glaubwürdigkeit. Er bat Barbara McQuade, die Bundesanwältin aus dem nahen Detroit, an seiner Stelle die Verantwortung für Punkte zu übernehmen, die von höchster Stelle genehmigt werden mussten. Bundesanwältin McQuade war dazu netterweise bereit und kam zu einer Besprechung nach Cleveland, um sich zu orientieren. Sie erfasste die komplexen Einzelheiten des Falls sofort. (Zehn Jahre später trafen wir uns als Kommentatoren für denselben Nachrichtensender wieder und analysierten politische Korruption auf noch höherer Ebene – der des Präsidenten.)

Abhöraktionen sind sehr arbeitsaufwendig. Anders als das Belauschen von Spionageverdächtigen, bei dem die Bänder mitlaufen und man sie bei Bedarf später abhört, muss beim Verdacht einer Straftat rund um die Uhr alles ständig live mitgehört werden, um gegebenenfalls einschreiten zu können. Wir mobilisierten Agenten im Ruhestand, Agenten im Außeneinsatz und vertrauenswürdige Beamte anderer Sondereinheiten, um die Arbeitslast zu bewältigen. Ich hatte allerdings noch eine weitere Sorge. Es gab zahlreiche andere Korruptionsfälle, die mit Dimora nichts zu tun hatten, aber nicht vernachlässigt werden durften. Ich ließ mir von der Zentrale die Einrichtung einer zweiten Antikorruptionseinheit mit einem eigenen Leiter genehmigen. Unsere Bemühungen, der Regierung des Countys ihre Glaubwürdigkeit zurückzugeben, zahlten sich schließlich auch aus.

Im Juli 2008 schwärmten über hundert Agenten und Experten für Spurensicherung vom FBI und der Finanzbehörde IRS in Cleveland und Umgebung aus, versehen mit Durchsuchungsbefehlen für Behörden, Firmensitze und Privathäuser. Ihnen folgten die Übertragungswagen der Fernsehteams und filmten, wie die Agenten beschlagnahmte Festplatten, Archivkartons und Aktenordner aus den Gebäuden heraustrugen. Die korrupte Kultur des Countys wurde an die Öffentlichkeit gezerrt. Die Würgeschlinge der Korruption, die den Bezirk so lange gelähmt hatte, lockerte sich, aber erst, nachdem hochspezialisierte Agenten und Experten noch zwei weitere Jahre intensiv ermittelt hatten.

Jetzt konnten wir alle wirklich aufatmen. Für die Einwohner Clevelands und Umgebung gab es keine Zweifel, dass das FBI das Richtige tat – sie feuerten uns sogar an. Eines Abends kamen zwei Personen in einem Restaurant, in dem ich mit der Familie aß, an unseren Tisch und sagten einfach: »Vielen Dank.«

Die in aller Öffentlichkeit durchgeführten Durchsuchungen lösten bei vielen korrupten Politikern, Beamten und Geschäftsleuten Panik aus. Keine 24 Stunden nach den Zugriffen kam ein wichtiger Beteiligter zu uns und erklärte, er habe als Vermittler für Bestechungszahlungen gedient und könne die bezahlten Vergnügungsreisen, die Partys mit den Nutten und die extravaganten Restaurantbesuche bezeugen, die Dimora sich von Geschäftsleuten bezahlen ließ, die Aufträge vom County woll- ten. Dieser Informant erzählte uns in allen Einzelheiten, wie er Geld von einem stadtbekannten Anwalt an Dimora weitergegeben hatte, um dessen Entscheidung zu beeinflussen, ein großes Bankgebäude in der Innenstadt als Dienstsitz der Bezirksregierung anzukaufen. Dieser Immobilienkauf hatte, weil noch etliche Gerichtsverfahren daran hin- gen, die Steuerzahler des Countys über 45 Millionen Dollar gekostet. Jetzt würde Dimora die Rechnung bezahlen müssen.

»Wo ist Figliuzzi? Der will mich doch die ganze Zeit ficken.« So drückte sich Dimora in der Tiefgarage der FBI-Dienststelle Cleveland aus, als er zur erkennungsdienstlichen Behandlung gebracht wurde. Der Commisioner weigerte sich, von seinem Amt zurückzutreten, obwohl die Bundesbehörden gegen ihn ermittelten. Er forderte die Staatsan- waltschaft öffentlich und unnachgiebig heraus, ihn entweder anzukla- gen oder in Ruhe zu lassen. Eine Grand Jury aus Bürgern des Countys tat ihm den Gefallen und ließ die Anklage zu, woraufhin Dimora am 15. September 2010 zu Hause festgenommen wurde. Und, jawohl, wenn er mit seinem Kommentar meinte, dass FBI-Agenten korrupte Politiker mit aller Leidenschaft verfolgen, dann hatte er recht.

Als die Ermittlungen und die nachfolgenden Verfahren schließlich abgeschlossen waren, wurden über siebzig Personen, darunter zwei Richter des Countys, Behördenmitarbeiter, Bauunternehmer, Firmen- chefs, Geldboten und Fahrer verurteilt, unter ihnen auch Frank Russo, der verbeamtete Steuerprüfer des Countys. Er wurde ursprünglich zu 22 Jahren Haft verurteilt, meldete sich dann aber als Kronzeuge gegen Dimora, um seine Haftzeit zu verringern. Nach Durchsicht der Akten zur Vergabe öffentlicher Aufträge und der Bücher der beteiligten Unternehmer aus vielen Jahren, gestützt durch Indizien aus Vorladungen, Informantenaussagen und Abhöraktionen, fragten wir uns, ob es überhaupt größere öffentliche Aufträge des Countys gab, die nicht durch Bestechung zustande gekommen waren.

Es wird vielleicht nie ans Licht kommen, in welchem Ausmaß die Wirtschaft im Raum Cleveland durch die Gier unmoralischer Politiker geschädigt wurde, aber die Summen, die für Bestechungen, nutzlose Projekte, unnötige Dienstleistungen, Schein-Ämter und unlautere Vergabeverfahren verschwendet wurden, müssen astronomisch gewesen sein, ganz zu schweigen von der abschreckenden Wirkung auf ehrliche Dienstleister, Bauunternehmer und Entrepreneure, die woanders hingingen, als sie erfuhren, dass sie gegen Gesetz und Anstand handeln mussten, wenn sie hier einen Fuß auf den Boden bekommen wollten.

Der Cuyahoga-County-Fall wurde zur größten Korruptionssache in der Geschichte Ohios. Dimora wurde in 32 Anklagepunkten für schuldig befunden, unter anderem wegen Bestechlichkeit, Gründung einer kriminellen Vereinigung, Verschwörung und Steuerhinterziehung. Weil er sich nach wie vor weigerte zurückzutreten, erntete er den Titel des zur höchsten Haftstrafe nach Bundesrecht verurteilten amtierenden US-Politikers – 28 Jahre. Als Insasse Nummer 56275-060 in der Federal Correctional Institution von Elkton, Ohio, musste er sich statt erlesener Cuisine mit faden Sandwiches und Paprikachips aus dem Gefängnisladen zufrieden geben. Der Steuerzahler kommt also immer noch für sein Essen auf, aber für die Bürger von Cuyahoga County brachen bessere Zeiten an.

Ein Jahr nach den Razzien wurde in einer Abstimmung entschieden, das Regierungssystem des Countys so zu ändern, dass Machtmissbrauch solchen Ausmaßes unmöglich würde. Seitdem sitzt ein einzelner Wahlbeamter, der County Executive, einem elfköpfigen County Council vor, dessen Mitglieder von den einzelnen Wahlbezirken abgeordnet werden.

Dieses Gremium kontrolliert die Macht des Vorsitzenden. Die früheren Wahlämter, die Dimora mit Neffen, Tanten und Pro-forma-Amtsinhabern besetzte, werden jetzt durch Ernennung vergeben, und zwar an Fachleute statt an Politiker. Die Einwohner hatten sich auf die Glaubwürdigkeit des FBI verlassen, jetzt taten sie die ersten Schritte zurück zu einer glaubwürdigen Regierung. In den zehn Jahren, die Dimora jetzt im Gefängnis sitzt, erholten sich Wirtschaft und Kultur im Raum Cleveland wieder. Das hatte verschiedene Gründe; die rasante Stadterneuerung brachte der Region wieder landesweite Aufmerksamkeit der Medien ein. Dazu hat das FBI, glaube ich, durchaus einen Beitrag geleistet.

In Cleveland wie auch in anderen Städten der USA verhalf das FBI örtlichen Regierungsinstanzen wieder zu Glaubwürdigkeit. Das war nur möglich, weil die Organisation selbst so viel Glaubwürdigkeit besaß, dass man ihr diese Aufgabe zutraute. Wie im Beispiel Cuyahoga County erhielten in dem besten aller möglichen Szenarien die Bürger die Gelegenheit, die Dinge in die eigene Hand zu nehmen. Sie haben für Veränderungen gesorgt, die ihre gewählten Vertreter wieder vertrauenswürdig machten. Glaubwürdigkeit ist eine wichtige Tugend.

Fragen Sie sich selbst, ob Sie für Glaubwürdigkeit sorgen, damit Ihre Mitarbeiter Sie als Verteidiger und Bewahrer der Werte Ihrer Gruppe anerkennen. Freuen Sie sich, wenn es sich so verhält. Bedenken Sie aber, dass Glaubwürdigkeit aktiv bewahrt werden muss. Wenn es Ihnen an Glaubwürdigkeit fehlt, wird die Umwelt auch die Werte, die Sie oder Ihre Gruppe vertreten, nicht akzeptieren. Angestellte, Teamkameraden oder Wähler, die Sie nicht als legitimen Vertreter der Werte ihres Kollektivs sehen, geben entweder Sie oder diese Werte auf – oder beides. Man muss nicht vollkommen sein, um glaubwürdig zu wirken, aber beherzt versuchen, das Richtige zu tun.

BESTÄNDIGKEIT (CONSISTENCY)

Die eigenen Wertmaßstäbe beständig zu vertreten ist leicht, wenn alle anderen dieselben haben. Dann rennt man offene Türen ein. Aber in der Wirklichkeit geht es selten so einvernehmlich zu. Individuen, Universitäten, Firmen und sogar Kirchengemeinden geraten in einen moralischen Sumpf, wenn sie unter Druck ihre Prinzipien aufgeben, weil es zu mühsam ist, sie zu verteidigen. Colleges, die das Fehlverhalten ihrer gefeierten Sportler vertuschen, geraten immer wieder in die Schlagzeilen, ebenso Chefs, die Hinweise auf sexuelle Belästigung von Mitarbeitern ignorieren und Behörden, die negative Vorfälle vertuschen. Letztlich sind die Kosten des Verrats der eigenen Wertmaßstäbe aber immer höher als die der Mühen, sie zu wahren.

Jede Organisation will das für sie Richtige erreichen, dabei kann sie ihre Beständigkeit verbessern, indem sie ihre Mitglieder ermutigt, auf Verstöße offen hinzuweisen, Anführer wählt, die ihre Grundwerte verkörpern, und sich verteidigt, wenn diese Werte bedroht werden. Wenn man die eigenen Werte beständig bewahrt, hat das den zusätzlichen Vorteil, Widerstandskraft gegen ungünstige Umstände aufzubauen, weil man flexibel reagieren kann, ohne zu verraten, wofür man einsteht. Während der Corona-Epidemie im Jahr 2020 mussten wir erleben, wie manche Politiker in den USA bewährte Krisenbewältigungsstrategien und sogar Werte zugunsten kurzfristiger Anerkennung und aufgrund politischer und wirtschaftlicher Zwänge aufgaben. Andere führende Politiker, meist Gouverneure von Bundesstaaten, blieben bei ihren grundlegenden Krisenkonzepten und Werten: Menschenleben retten, aufgrund von Daten entscheiden, der Bevölkerung die Wahrheit sagen, obwohl sie unter starkem Druck standen, das öffentliche Leben in ihren Bundesstaaten wieder zu ermöglichen und die Ausgangssperren aufzuheben.

Das FBI gab sich in meiner Dienstzeit besondere Mühe, auch unter Druck an seinen Grundwerten festzuhalten, selbst wenn es dadurch oft den Zorn der Partner beim Militär, in der CIA und selbst im Weißen Haus auf sich zog. Nach den Terroranschlägen vom 11. September 2001 wurde ich aus der Wirtschaftskriminalitäts- und Korruptionsbekämpfung beim FBI Miami abgezogen und bekam die Leitung der neu gebildeten Joint Terrorism Task Force für Südflorida übertragen. Die Dienststelle Miami durchlief dadurch wie das ganze FBI eine strategische Umorientierung. Bisher war das FBI sehr erfolgreich in der Aufklärung bereits geschehener Verbrechen, jetzt musste es sich zu einer Polizeibehörde wandeln, die Verbrechen voraussah und verhinderte. Von der Tragödie des 11. September bis hin zu den tödlichen Anthrax-Briefen nur einen Monat später standen wir nie dagewesenen Bedrohungen gegenüber, während die Geheimdienste, das Militär und die Strafverfolgungsbehörden der USA noch um die richtige Reaktion rangen. In einer Krise oder unter dem Druck plötzlicher Veränderungen vernachlässigen Familien, Firmen und sogar Regierungen oft ihren moralischen Kompass. Mit unvorhergesehenen Ereignissen musste das FBI zwar schon immer fertigwerden, aber noch nie war die Umstellung so groß wie in den Wochen und Monaten nach dem 11. September.

In der Zeit danach nutzte die FBI-Zentrale unsere Dienststelle in Miami, die auch für Lateinamerika zuständig war, um die steigende FBI-Präsenz in Guantanamo Bay (GTMO), dem amerikanischen Pachtgebiet und Militärstützpunkt auf Kuba, zu koordinieren. Das FBI war eine der wichtigsten Behörden, um Informationen über etwaige Angriffspläne gegen die USA von den Häftlingen in GTMO herauszufiltern. Special Agents und Experten mussten in Guantanamo vor Ort sein, um jeglichen Zeitverzug zwischen der Aussage über einen geplanten Angriff auf unser Heimatland, Schläfer oder eine Zielperson zu vermeiden. Weil die Regierung noch mit der Frage kämpfte, ob diese Häftlinge vor Militärgerichte gestellt werden durften, wurde das FBI beauftragt, eine eventuelle Bundesanklage der Häftlinge vor Zivilgerichten vorzubereiten. Das wiederum hieß, dass jemand Beweise und Aussagen zur Vorlage vor US-Gerichten zusammenstellen musste. Diese Aufgabe wollten und konnten verdeckte CIA-Ermittler und Militärgeheimdienstler nicht übernehmen, da sie ihre Identität nicht öffentlich machen durften; außerdem waren sie nicht dafür ausgebildet.

FBI-Agenten und Spezialisten nahmen also ab sofort Direktflüge von Miami nach Guantanamo und richteten sich neben den Kollegen von den Geheimdiensten ein. Als sie aber mitansahen, wie diese Kollegen die Häftlinge verhörten, wurden sie Zeuge von Verhaltensweisen, die sie anzeigen mussten – und zwar mir. Eines Nachmittags brachte der Leiter unserer Anti-Al-Kaida-Gruppe zwei seiner besten Agenten, die direkt aus Guantanamo kamen, in mein Büro und schloss die Tür. Er bat die Agenten, mir zu beschreiben, was sich nur hundertfünfzig Kilometer südlich von uns abspielte. Die Agenten teilten mit, dass sie die Verhöre durch militärische und zivile Vernehmungsbeamte in GTMO lieber verlassen hätten, als Zeugen von Anschuldigungen wegen übermäßiger Gewaltanwendung und Verstößen gegen die Bürgerrechte zu werden. Die Agenten, beide aus Miami, erklärten, die Befrager gingen teilweise nach dem Einsatzhandbuch der U.S. Army für Verhöre von Feinden vor. Sie übergaben mir ein Exemplar dieses Handbuchs und bezeichneten die Abschnitte, die ich lesen sollte. Wir hatten ein Problem, das war augenscheinlich.

Sämtliche Aussagen, die durch die handgreiflichen und auf den Körper einwirkenden Methoden, wie sie dieses Handbuch beschrieb, gewonnen wurden, waren offensichtlich erzwungen und daher vor einem US-Bundesgericht wertlos. Andere Verhörmethoden, wie die Befragten längere Zeit Hitze oder Kälte auszusetzen, ihnen Nahrung und Wasser vorzuenthalten und ihren islamischen Glauben zu beleidigen, konnten sie dazu bringen, Informationen zu erfinden, um diese Qualen zu beenden. Die Agenten, die mir gegenübersaßen, waren harte, intelligente und erfahrene Terrorexperten, Weichlinge waren sie nicht.

Sie hatten den Auftrag, zuverlässige Informationen zu gewinnen und tragfähige Anklagen für ein Bundesgericht zu formulieren. Dazu mussten sie sich an die Regeln des FBI und des Justizministeriums halten. Ich war stolz auf diese Agenten und fühlte mich durch das Vertrauen, das sie in mich setzten, geehrt. Dem Gruppenleiter, der sie zu mir gebracht hatte, sagte ich, er solle für die Zentrale eine Aktennotiz mit allen Einzelheiten und Bedenken zusammenstellen. Dieses Memo gab ich dem Dienststellenleiter in Miami, der die Weitergabe an Director Mueller sofort genehmigte.

Die Aktennotiz führte zu einer internen Ermittlung durch die Inspekteure des FBI. Die Frage lautete, ob FBI-Mitarbeiter etwa Verletzungen der FBI-Wertmaßstäbe oder Schlimmeres mitangesehen oder sich daran beteiligt hatten. Die ausführliche Untersuchung ergab, dass die bezeugten Fälle von Gewaltanwendung sämtlich nicht von unseren Mitarbeitern begangen worden waren. Damit war die interne Ermittlung abgeschlossen, aber jetzt stellte sich die viel umfassendere Frage, wie unsere Werte gewahrt und angemessene Methoden durch alle beteiligten amerikanischen Behörden eingehalten wurden.

Die interne Ermittlung des FBI trug zur erbitterten Debatte in Washington bei, ob gegen feindliche Kämpfer vor Militär- oder Zivilgerichten verhandelt werden und welche Behörde die Führungsrolle bei Verhören mutmaßlicher Terroristen übernehmen solle. Wir legten dem Kongress und der Regierung unter George W. Bush überzeugend dar, dass sie nicht beides haben konnten – die Verdächtigen von Militär und CIA nach deren Regeln verhören lassen und sie dann vor zivile Strafgerichte stellen, für die ganz andere Regeln gelten. Sie konnten nicht behaupten, gewaltbereite Extremisten seien Feinde der amerikanischen Werte, und dann Verhaltensweisen ihrer eigenen Bürger gutheißen, die dieses Argument unterhöhlten. Präsident Bush setzte schließlich eine behördenübergreifende High-Value Interrogation Group (Befragungseinheit für wichtige Gefangene) unter Führung des FBI ein. Das FBI hatte sich damit nicht beliebt gemacht, aber seine Grundwerte, seine Verhaltensmaßstäbe, seinen Auftrag, und wichtiger noch, auch die amerikanischen Werte gewahrt.

Ich bin selbst in Guantanamo Bay gewesen und habe die feindlichen Kämpfer in Käfigen auf und ab gehen, ihren von der US-Regierung gestellten Koran lesen und fünfmal täglich das vorgeschriebene Gebet verrichten sehen. Ich habe Männer gesehen, von denen manche nichts lieber getan hätten, als den erstbesten Amerikaner umzubringen, den sie zu fassen bekamen, die auf einem improvisierten Platz aus Kies und Sand Fußball spielten, bewacht von amerikanischen Militärpolizisten. Ich habe diese Häftlinge ihr neues Lieblingsfrühstück – Zimt-Rosinen-Bagel mit Frischkäse – als Ersatzwährung horten sehen. Dass diese gewaltbereiten radikalen Islamisten (viele, wenn auch nicht alle Häftlinge gehörten in diese Kategorie) sich für ein typisch jüdisches Gericht begeisterten und wie Kinder auf dem Schulhof Fußball spielten, überzeugte mich, dass die bewährte und beständige Befragungsmethode des FBI auch bei ihnen wirken würde. In Guantanamo Bay arbeitete das FBI zum ersten Mal über längere Zeit in einem militärischen Gefangenenlager. Institutionen und Menschen reagieren oft mit Verwirrung auf die Belastung, die sie durch plötzliche tiefgreifende Veränderungen erleben. Eine solche Herausforderung löst im Menschen die Flucht-oder-Kampf-Reaktion aus. Oft flüchtet man dann nicht nur vor dem Aggressor, sondern auch aus den normalen Verfahren und Prinzipien, und nur zu oft dient eine große Belastung durch Unvorhergesehenes als faule Ausrede, alles, was bisher funktioniert hat, über Bord zu werfen – genau dann, wenn man bewährte Methoden am besten gebrauchen kann. Wir denken scheinbar unwillkürlich, ein Problem, das völlig vom Vertrauten abweicht, könne man nur mit Verfahren lösen, für die dasselbe gilt. Dieses Argument ist irrig – ob es nun um ein Land geht, das sich einer weltweiten Seuche gegenübersieht oder eine Behörde für innere Sicherheit, die jede Woche bei bizarren Vorkommnissen ermitteln muss.

Das Ungewöhnliche erforderte in diesem Fall häufige Besuche in Guantanamo Bay. Wir mussten darauf achten, dass alles, was dort geschah, im Rahmen des Auftrags und der Werte des FBI blieb. Manchmal war das eine ernste Herausforderung, manchmal ging es auch etwas leichtherziger zu. Als die Dienststelle Miami noch die Arbeit des FBI in Guantanamo Bay leitete, rief mich eines Nachmittags der Chef in sein Büro. Er hatte Pläne für mein Wochenende. Es bahnte sich etwas an, das dem Selbstverständnis des FBI zuwiderlief.

Der Chef hatte einen Anruf vom Kommandanten des Marinestütz-punkts Guantanamo bekommen, der sich überschwänglich dafür bedankte, dass einer unserer Agenten einen Auftritt der berühmten Rockband Hootie and the Blowfish vor den Soldaten des Stützpunkts organisiert hatte. Wir wussten natürlich überhaupt nichts davon, erfuhren dann aber, dass ein FBI-Agent aus Miami Verbindungen zu der Band hatte, die aus South Carolina stammte. Die Band hatte angeboten, für die Soldaten ein kostenloses Konzert zu geben. Daher stellte das Militär ein Frachtflugzeug bereit, das die Musiker, ihre Roadies und das Bühnenequipment nach Guantanamo flog. Weil es dem FBI immer um Beständigkeit in der Wahrung seiner Prinzipien geht und die Organisation eines Rockkonzerts vielleicht nicht ganz im Rahmen des Auftrags einer Ermittlungsbehörde liegt, musste jemand hinterherfliegen und die Sache in den Griff kriegen. Dieser Jemand war ich, begleitet vom Chef-justiziar des FBI Miami.

Wir packten unsere Reisetaschen und setzten uns in die nächste Regierungsmaschine nach Guantanamo. Vor Ort sah für uns dann alles ganz gut aus. Der Agent, der das Konzert vermittelt hatte, war FBI-Veteran und arbeitete schon länger dort. Er war einer von diesen hemdsärmeligen, leutseligen Typen, die sofort mit allen gut Freund sind und wissen, wie man Leute rumkriegt. Er begriff durchaus, was für eine heikle Rolle das FBI hier spielte, und tat sein Bestes, um die kommandierenden Offiziere der Basis für uns einzunehmen. Er hatte nur vergessen, seinen eigenen Chefs Bescheid zu sagen, was er vorhatte. Wir konnten die Organisation einer Bühnenshow für die Soldaten also als Teil des beständigen Bemühens des FBI um ein gutes Verhältnis zu ihren Partnern einordnen. Manchmal hilft einem eine etwas großzügi-gere Auffassung des eigenen Auftrags also, die eigenen Werte zu wahren.

Guantanamo Bay ist ein großer Militärstützpunkt, auf dem nicht nur Soldaten stationiert sind, sondern auch Zivilisten leben. Die Soldaten, die hier Dienst tun, dürfen teilweise ihre Familien nachholen. Es gab damals zwei Schulen, eine Kirche, Fast-Food-Restaurants und mehrere Läden, die das Militär betrieb. Es gab sogar ein Stadion, das allerdings selten benutzt wurde. Am Abend des Konzerts allerdings kam der gesamte Betrieb des Stützpunkts zum Stillstand, weil alle im Stadion waren, buchstäblich alle – Kinder, Ehegatten, Soldaten, einfach jeder. Sogar kirchliche Veranstaltungen fielen aus. Der Agent, der das Konzert organisiert hatte, wurde auf die Bühne geholt und den Zuschauern als der Mann vom FBI vorgestellt, dem sie das alles zu verdanken hatten. Jubel brandete auf. Als Geste des guten Willens war das ein Geniestreich. Und, nicht zu vergessen, Sänger Darius Rucker und seine Bandkollegen waren echt coole Typen, die viel von den Soldaten hielten. (Nennen Sie Darius übrigens nicht »Hootie«, das mag er nicht so.)

Auch wenn das FBI es routinemäßig mit exotischen Mordwaffen und bizarren Verbrechen zu tun bekommt, war versuchter Mord durch das Verschicken von Milzbrandsporen bei den Anthrax-Angriffen für uns alle etwas Neues. Die Dienststelle Miami konnte einen knappen Monat nach dem 11. September 2001 gerade wieder ein bisschen durchatmen. Ich verlegte meinen Arbeitsplatz von der Einsatzzentrale im Erdgeschoss wieder nach oben in mein angestammtes Büro und freute mich darauf, in Ruhe meiner Aufgabe als Leiter der Abteilung Wirtschaftsverbrechen nachzugehen. Der Chef hatte mir ein neues Antiterrorprogramm anvertraut und dazu die Joint Terrorism Task Force erweitert. Bevor ich das übernehmen konnte, musste ich noch die anstehenden Ermittlungen gegen Wirtschaftsverbrecher abschließen. Ich grub mich entschlossen in die Stapel unerledigter Anfragen und Gesuche im Posteingang – meist wegen Verlängerung des Verfahrens oder Genehmigung einer Ermittlungsmethode, der ganze routinemäßige Papierkram eines der erfolgreichsten FBI-Programme zur Bekämpfung von Wirtschaftsverbrechen. Es war Anfang Oktober, und die Aussicht lockte, zur Normalität zurückkehren zu können – bis das Telefon klingelte. Der Anruf war von der Sekretärin des Chefs durchgestellt worden. Die Beständigkeit verabschiedete sich gerade wieder.

Wenige Wochen zuvor hatte ich an einem Seminar für FBI-Führungskräfte teilgenommen. Die Fortbildungen beim FBI beeindrucken mich seit jeher. Ich verdanke den einzelnen Lehrgängen und Dozenten viel von meinem Erfolg als Ermittler wie als Chef. Zwei Kritikpunkte, die ich hatte, betrafen die Methode des Managementtrainings. Erstens gab es damals nur sehr wenige externe Referenten. Ich sah zwar ein, dass die Academy uns beibringen wollte, die Sichtweise des FBI anzuwenden und außerdem das Risiko verringern wollte, dass Außenstehende womöglich mit Geheimsachen in Berührung kamen, aber die damit einhergehende Isolation machte aus den Seminarräumen mitunter eine Art Echokammer für die eigene Denkweise. Zweitens kam die Ausbildung in Führungskompetenz nach meinem Geschmack immer ein bisschen zu kurz und zu spät. Bis ich es schaffte, einen Platz in einem bestimmten Kurs zu ergattern, bekleidete ich den Posten, auf den er mich vorbereiten sollte, meist schon. Das heißt, dass ich oft ins kalte Wasser gesprungen war, bevor der Schwimmkurs anfing.

Das alles galt zum Glück nicht für den Lehrgang, den ich besucht hatte, bevor die Sekretärin des Chefs dieses Gespräch zu mir durchstellte. Letzter Punkt dieses Lehrgangs war ein großes Planspiel, das die Reaktion des FBI auf einen Anschlag mit biologischen Waffen imitierte. Weil es damals immer mehr Fälle von harmlosem, aber beängstigendem »weißen Pulver« in Briefumschlägen gab, hatten sich die Dozenten sich für das Beispiel Milzbrandbakterien entschieden. Als ich nach Miami zurückkam, fragte mich der Chef, wie der Lehrgang so gewesen sei. Unbekümmert erwiderte ich: »Wenn wir je mit Milzbrandanschlägen zu tun kriegen, bin ich Ihr Mann.« Hätte ich mal die Klappe gehalten.

Kurz nach dem 11. September hatte jemand, entweder ein Einzeltäter oder eine Gruppe, angefangen, mit Milzbrandsporen gefüllte Briefumschläge an die Nachrichtenredaktionen großer Fernsehsender und an Zeitungen wie die *New York Post* zu schicken. Später erhielten auch *die* US-Senatoren Patrick Leahy und Tom Daschle solche Umschläge. Wir hatten Glück, dass noch niemand gestorben war. Bis jetzt.

Ich nahm das Gespräch an und fand mich mit der leitenden Notärztin des Palm Beach County verbunden. Sie stellte sich nur kurz vor und kam sofort zur Sache: Im JFK Medical Center sei ein Patient aufgenommen worden, der im Sterben liege und vermutlich Milzbrand habe. Sie habe eine Krisensitzung in ihrem Besprechungszimmer einberufen und wolle das FBI dabeihaben. Als sie fragte, wie schnell ich in ihr Büro kommen könne, versprach ich ihr, trotz der 100 Kilometer Entfernung in vierzig Minuten da zu sein.

Im Wagen gab ich dem Dienststellenleiter Bescheid und rief den Gruppenleiter an, der während der Fortbildung die Milzbrandübung durchgeführt hatte. Ich erklärte ihm, wo ich gerade hinfuhr und warum, und er sagte zu, die Mikrobiologen des FBI zu alarmieren. Sie sollten analysieren, was ich von der leitenden Notärztin erfuhr. Die anderen Autofahrer, die ich auf der Interstate 95 Richtung Norden in meinem schwarzen Pontiac mit Blaulicht und Sirene überholte, wären wohl nie darauf gekommen, dass ich gerade zu einem Milzbrandnotfall fuhr.

Ich schaffte es tatsächlich in vierzig Minuten bis West Palm, ließ den Wagen vor dem Gesundheitsamt des Countys stehen und lief die Korridore entlang bis in den Besprechungsraum. Eine düster blickende Runde aus Medizinern um einen kleinen Tisch starrte mich mit einer Mischung aus Ernsthaftigkeit und Verzweiflung an. »Frank Figliuzzi, FBI.« Die leitende Notärztin hielt sich nicht mit Vorstellungen auf, sondern informierte mich nur, dass ihre Kollegen vom JFK Medical Center über Telefon und Lautsprecher zugeschaltet waren, und sagte ihnen, sie sollten mich einweisen.

Am 2. Oktober um 2 Uhr 15 morgens hatte die Ehefrau eines 63-Jährigen ihren Mann in die Notaufnahme gebracht. Eine Stunde später fiel er ins Koma. Die erste Verdachtsdiagnose war Hirnhautentzündung, aber die entsprechende Behandlung hatte ebenso wie die gegen andere Beschwerden versagt. Der Mann erwachte nicht mehr und starb einen schmerzhaften Tod, der in Lehrbüchern als typisch für Milzbrand beschrieben wird. Diese Symptome und eine Blutprobe ließen die Diagnose Vergiftung durch Einatmen von Milzbrandsporen zu. Die

Ärzte wussten, dass diese Vergiftung, falls sie die Bilder ihrer Mikroskope richtig interpretierten, noch sehr viel mehr Menschen betreffen konnte. Als andere Teilnehmer der Konferenzschaltung die ungewöhnlichen, stäbchenförmigen, violetten Bakterien schilderten, bat ich um eine Pause. Jetzt war es Zeit, die Kliniker vor Ort mit den Fachleuten vom FBI zu verbinden; ich war schließlich bloß Jurist.

Die Mikrobiologen vom FBI hatten mich schon per Textnachricht um eine genaue Beschreibung der mikroskopischen Aufnahmen gebeten. Ich schaltete sie live zu und hoffte nur, unsere beiden Mediziner konnten die Kollegen vor Ort auch verstehen, als die das Blutbild des Patienten beschrieben. Ich brauchte mir aber keine Sorgen zu machen; mitten in der Schilderung bekam ich schon eine kurze Textnachricht von den FBI-Mikrobiologen: »Sie beschreiben Milzbrandbakterien.«

Der Patient, ein 63-jähriger gebürtiger Brite namens Robert Stevens, arbeitete als Bildredakteur für die *Sun,* ein Boulevard-Wochenblatt. Nachdem er von einer Reise zurückgekehrt war, traten bei ihm grippeähnliche Symptome auf. Als er Atemnot bekam, brachte ihn seine Frau in die Notaufnahme, und das Krankenhaus behielt ihn gleich da. Stevens fiel etwa eine Stunde später ins Koma, und am 4. Oktober wurde bei ihm offiziell Milzbrand festgestellt. Diese Diagnose wurde von den Centers for Disease Control and Prevention, der US-Gesundheitsbehörde in Atlanta, bestätigt und löste sofort eine Großermittlung aus, um festzustellen, wo genau Stevens die Milzbrandsporen eingeatmet hatte.

Ein Patient mit Milzbrandsymptomen ist normalerweise kein Fall für das FBI. *Bacillus anthracis,* das Bakterium, das Milzbrand auslöst, ist in der Natur weitverbreitet. Es vermehrt sich durch Sporenbildung, die bei Kontakt mit Trägerpopulationen, besonders von Paarhufern wie Kühen, Kamelen, Schafen und Ziegen, zu einer Ansteckung führen können. In manchen Gegenden gilt Milzbrand geradezu als typische Krankheit von Schafscherern, weil Arbeiter, die mit Rohwolle umgehen, oft kleinen, nicht tödlichen Dosen dieser Sporen ausgesetzt sind. In den USA ist das Bakterium besonders in den Weißschwanzhirschrudeln im Süden anzutreffen. Die Sporen dringen durch kleine Wunden, Einatmen oder auch mit gegessenem Fleisch infizierter Tiere in den mensch-

lichen Körper ein. Hauptverbreitungsgebiete des Bakteriums sind
Afrika, Asien und Südeuropa, wo die Fälle häufiger vorkommen. Dieser
Fall war jedoch ungewöhnlich. Die Ärzte hatten bereits Stevens' Frau
nach dem möglichen Vektor befragt – so nennen die Epidemiologen
den Überträger einer ansteckenden Krankheit –, aber keinen gefunden,
der auf Milzbrandsporen gepasst hätte.

War der Patient Jäger? Nein.

Verbrachte er viel Zeit im Wald? Nein, er machte nur kurze Spazier-
gänge zum Fotografieren.

War er kürzlich in Afrika, Asien oder Südeuropa gewesen? Nein.

Arbeitete er mit Häuten, Pelzen oder Wollteppichen oder besaß welche? Nein.

Hatte er direkten Kontakt mit Rotwild oder anderen Wildtieren
gehabt? Nein.

Bei einer Begehung von Stevens' Haus wurde kein offensichtlicher
Verursacher gefunden. Es war noch keinen Monat her, dass die Terroranschläge des 11. September Tausende Tote gefordert hatten, und wir
hatten keine natürliche Erklärung, warum Robert Stevens mit Milzbrand im Sterben lag. Wir wussten aber, dass Unbekannte Milzbrandsporen an Nachrichtenredaktionen geschickt hatten. Obwohl kaum
jemand Sensationsblätter wie die *Sun* oder den *National Enquirer* als
Nachrichtenmedium ernst nehmen würde, gehörten sie zur Medien-
landschaft – und Stevens arbeitete dort.

Die leitende Notärztin des Countys war eine entschlossene, füh-
rungsstarke Frau; sie wäre eine großartige FBI-Agentin geworden. Sie
erklärte sofort – und ich stimmte ihr zu –, das Verlagsgebäude sei zu
evakuieren und unter Quarantäne zu stellen. Wir gingen rasch die
gesetzlichen Möglichkeiten durch, das Gebäude zu räumen. Ich bot an,
das Gebäude als möglichen Tatort eines Verbrechens abzusperren und es
durch FBI-Beamte zu bewachen, und begann, einen entsprechenden
Antrag zur Vorlage beim zuständigen Richter zu formulieren. Zwar hätten wir auch einfach den Eigentümer bitten können, das Gebäude zu
schließen, aber das gäbe uns keine gesetzliche Handhabe, gegebenenfalls
das Betreten zu verhindern. Wie sich schnell herausstellte, hatte die ver-

beamtete Ärztin des Countys eine viel weiter reichende Amtsgewalt. »Ich erkläre das Gebäude mit sofortiger Wirkung aus Gründen des Seuchenschutzes zum Sperrbezirk.«

Ich bot der Medizinerin unsere Agenten, die bereits auf dem Verlagsparkplatz warteten, als Unterstützung beim Anbringen der amtlichen Hinweise an den Türen an.

Ich versetzte die Spurensicherung des FBI Miami in Bereitschaft und fuhr zum betroffenen Gebäude, das ich kurz nach Feierabend erreichte. Eine Handvoll Beamte erwartete mich auf dem ansonsten fast leeren Parkplatz. Wir klebten die offiziellen »Zutritt verboten«-Schilder des Gesundheitsamts an die Türen. Weil immer noch Autos auf dem Parkplatz standen, die nicht zu uns gehörten, mussten wir davon ausgehen, dass sich noch Mitarbeiter im Gebäude aufhielten. Die FBI-Mikrobiologen hatten uns gewarnt, ja nicht ohne vollen Seuchenschutzanzug hineinzugehen. Nachdem wir vergeblich versucht hatten, die Telefonzentrale zu erreichen, wollten wir uns an die Verlagsleitung wenden, um zu erfahren, ob sich noch jemand im Gebäude aufhielt. Die Chefs waren nicht vor Ort und konnten auch nicht feststellen, ob eventuell noch Angestellte arbeiteten. Wir versuchten, über die Nummernschilder der geparkten Autos die Halter zu identifizieren und bekamen auch ein paar Namen aus unseren Computern, aber keine Mobiltelefonnummern dazu.

Ein Agent der Spurensicherung, der es mit den Vorschriften nie so genau nahm, meinte daraufhin, er gehe jetzt einfach rein und hole die Leute raus. Wenn wir warteten, bis die Seuchenschutzanzüge und die Dekontaminationsausrüstung geliefert werde, stolpere womöglich jemand da drin über den Auslöser, der Stevens zum Verhängnis geworden war, und das sei dann unsere Schuld. Ich wies den Agenten pflichtgemäß darauf hin, dass ich das nicht genehmigen könne, weil er sich damit in persönliche Gefahr bringe. Er sagte, er habe den Hinweis verstanden – und ging dann, während ich mit der Zentrale telefonierte, trotzdem in das Gebäude. Es waren tatsächlich noch ein paar Angestellte bei der Arbeit. Sie hatten zwar keine Ahnung, was um sie herum vorging, aber immerhin waren sie noch am Leben. Robert Stevens hatte nicht so viel Glück. Am 5. Oktober 2001 wurde er das erste von insgesamt fünf Opfern der Anthrax-Anschläge.

Für mich wurde es jetzt höchste Zeit, mich mit dem örtlichen Polizeichef abzustimmen. Wir operierten hier in seiner Stadt und würden seine Unterstützung brauchen, wenn wir die erste Spurensicherung in einem Mordfall durchführen wollten, die das FBI je an einem verseuchten Tatort zu erledigen hatte. Außerdem würden sich Reporterteams aus der ganzen Welt auf den friedlichen Küstenort stürzen, und wir brauchten Abschirmungskordons, mussten unsere Presseerklärungen abstimmen und überhaupt vertrauensvoll zusammenarbeiten. Dazu kam noch, dass Bürgermeister und Stadtrat den Polizeichef ziemlich bald zum Bericht bitten würden, und dann musste er ihre Fragen beantworten können. Der Chief war ein erfahrener Profi, übrigens Absolvent der FBI National Academy, und das FBI kam mit seiner Behörde von jeher gut aus. Wir hatten Büros für unsere Taskforces in der Stadt und bereits bei verschiedenen Drogen- und Mafiaermittlungen mit seinen Detectives zusammengearbeitet. Als ich ihm erzählt hatte, was wir jetzt vorhatten, schaute er zuerst drein, als wisse er nicht, ob wir ihm bloß einen Streich spielten, aber nach kurzem Schweigen versicherte er dann, »Sie kriegen, was Sie brauchen. Halten Sie mich aber auf dem Laufenden.« Und damit hatten wir ordentlich zu tun.

Insgesamt starben an den Milzbrandbriefen zwei Postangestellte und ein Krankenhausmitarbeiter in New York sowie eine ältere Frau in Connecticut; siebzehn Menschen erkrankten. Wie oft bei umfangreichen Ermittlungen, die mehrere Dienststellen einbeziehen, fasste das FBI alle Ermittlungen unter der Leitung eines der Teams zusammen und gab ihnen eine einheitliche Fallbezeichnung: Amerithrax. Ich wurde offiziell zum Leiter der Tatortermittlungen bestellt. Ein Epidemiologe, den uns die Centers for Disease Control and Prevention (CDC) aus Atlanta schickten, hatte aber seine eigene Sicht der Dinge.

Sowohl das FBI wie die CDC befassen sich mit der Lösung mysteriöser Fälle. Das FBI kennt sich mit komplexen Tatorten und Terrorermittlungen aus, und die Aufgabe der Seuchenexperten der CDC besteht darin, tödliche Krankheiten zu klären und einzudämmen. Man sollte denken, die jeweiligen Kompetenzen seien Voraussetzungen für eine ideale Zusammenarbeit. Allerdings wurden hier plötzlich völlig Fremde, die sich fachlich kaum miteinander verständigen konnten, bei derselben Aufgabe eingespannt, ob sie wollten oder nicht. Beständigkeit in den eigenen Methoden bedeutet manchmal, dass man mit einem Partner, der auch bei seinem Vorgehen bleibt, weniger gut auskommt.

FBI-Agenten arbeiten in den verschiedensten Taskforces jeden Tag mit Partnern aus Dutzenden Polizeibehörden auf Orts-, Bundesstaats- und Bundesebene zusammen, die alle an einem Strang ziehen. Wir ernennen unsere Mitstreiter aus der Polizei oft zu Hilfsbundesbeamten, um sie auch über Geheimsachen informieren zu können. Gewöhnlich sprechen wir dieselbe Sprache und sind uns darüber einig, wenn auch nicht ohne Reibereien, dass wir unseren Auftrag nur gemeinsam erfüllen können, wenn wir wichtige Informationen teilen und uns um Zusammenarbeit bemühen. Die Milzbrandsache, eine noch nie dagewesene Krise, sorgte allerdings dafür, dass zwei Behörden, die in ihrem jeweiligen Bereich – Seuchenschutz und Strafverfolgung – gewohnt waren, die wichtigste Rolle zu spielen, zusammenarbeiten mussten. In diesem Fall waren die Alphamännchen ein CDC-Mediziner und ich.

Der winzige Wohnwagen auf dem Verlagsparkplatz, der uns als Einsatzzentrale diente, glich eher einem Käfig als einem Büro. Es dauerte ein paar Tage, bis die CDC meinen Partner aus Atlanta schickten, und inzwischen waren die Spurensicherung des FBI Miami und Experten der CDC längst dabei, das Gebäude in Seuchenschutzanzügen methodisch zu durchsuchen. Sie sammelten Proben für die Untersuchungen, um den Herd der tödlichen Sporen zu finden. Die Proben gingen zu Schnelltests an das vorgesehene Labor vor Ort. Die Ergebnisse kamen inzwischen fast sofort und waren zwar nicht hundertprozentig sicher, gaben uns aber gute Hinweise, ob an einem gegebenen Ort im Gebäude Sporen vorhanden waren. Dann tauchte der CDC-Mann auf.

Ich bin absolut dafür, dass Einsatzleiter bei einer Krise oder gemeinsamen Operation vor Ort und persönlich zusammenarbeiten. Trotz aller Computertechnik, Videokonferenzen und Telefonschalten kann man

sich doch noch um einiges besser austauschen, wenn man direkt neben-
einander sitzt und auf eingehende Informationen sofort reagiert und
gemeinsam alle Optionen durchgeht. Außerdem kann man sich besser
absprechen, wann es Zeit für eine Pressemeldung wird und wann man
die höheren Instanzen benachrichtigen muss. Die Verantwortlichen
zusammenzusetzen, hat auch noch einen weiteren Vorteil: Wenn sich
mal eine kurze, willkommene Pause ergibt, kann man vielleicht ein paar
Gemeinsamkeiten entdecken und sich besser kennenlernen. Außer
natürlich, die andere Person will nicht mitspielen.

Der leitende CDC-Mann vor Ort war zuerst gar nicht dort, sondern
bunkerte sich im Verwaltungszentrum des FBI Miami ein, wo sich auch
der Dienststellenleiter und andere FBI-Chefs und Agenten niedergelas-
sen hatten. Dort wurden die regelmäßigen, äußerst ausführlichen
Berichte für die Bosse in der Zentrale zusammengestellt, Spuren wurden
aufgenommen und verfolgt, gemeinsame Presseerklärungen geschrieben
und die endlosen Nachfragen der hohen Tiere aus Washington und
Atlanta beantwortet. Die taktischen, kurzfristigen Entscheidungen und
die konkrete Arbeit wurden vor dem Verlagsgebäude in unserem kleinen
Wohnanhänger erledigt. Wichtiger noch, wir hatten eine Direktverbin-
dung zum Labor eingerichtet, dessen Ergebnisse jeweils bestimmten, wo
im Gebäude wir die nächsten Proben entnahmen. Mein Partner von den
CDC erhielt diese Ergebnisse, obwohl er nicht vor Ort war, sofort, oft
gleichzeitig, aber er wurde leider den Verdacht nicht los, das FBI teile
ihm nicht alle Erkenntnisse umgehend mit, und das machte ihn verrückt.

Der CDC-Mann bestand darauf, alle Laborergebnisse müssten
zuerst an ihn gehen. Er fing an, am Telefon zu schreien und hing dann
auf. Ich riet ihm, er könne sich leicht von seiner irrigen Annahme
befreien, wir teilten ihm Ergebnisse verspätet oder gar nicht mir, indem
er sich aus dem bequemen Büro in West Palm Beach zu mir in meinen
wunderbaren Wohnanhänger bemühte. Da irrte ich mich allerdings.

Er kam zwar tatsächlich, aber sowie er sich auf den Stuhl neben mich
gezwängt hatte, erklärte er, hier handele es sich um einen Fall für den
Seuchenschutz, der immer absoluten Vorrang habe, und daher habe er

hier die alleinige Leitung. Ich staunte, dass irgendjemand jetzt noch Streit darüber anfangen konnte, wer der Boss sei, und versuchte ihm beizubringen, was er schon wusste: Es handelte sich um einen abgesperrten Tatort, an dem FBI und CDC gemeinsam Spuren sicherten. Die oberen Atemwege aller Verlagsmitarbeiter waren zu diesem Zeitpunkt bereits auf Milzbrandsporen getestet worden und die Gefahr weiterer Erkrankungen gebannt. Die Proben aus dem Gebäude wiesen stark auf die Postannahmestelle als Ursprung der Sporen hin, und weil es landesweit bereits mehrere Terroranschläge mit Anthrax-Briefen gegeben hatte, hatten wir es hier wahrscheinlich mit einem weiteren zu tun. Ich sagte dem Mediziner, dass Seuchen- und Verbrechensbekämpfer hier gemeinsam vorgehen müssten, und das würden wir auch tun. Der Doc wiederholte seine Forderung, er wolle alle Laborergebnisse zuerst sehen und bewerten, und nur er sei künftig befugt, mit den regionalen und bundesstaatlichen Labors zu sprechen. Ich sagte ihm, was ich davon hielt. Dann informierte ich die FBI-Zentrale.

Die Leute dort wollten mir zuerst nicht glauben. Ob ich den Typen nicht vielleicht falsch verstanden habe? »Nein, ich habe Zeugen. Fragen Sie ihn selbst, er sagt Ihnen sicher gern, dass er hier der Boss ist.« Unsere Zentrale rief daraufhin die CDC-Zentrale an und gab dem Bedenken Ausdruck, sie hätten vielleicht nicht den Richtigen für den Job geschickt. Die CDC-Chefs waren genauso verblüfft und sprachen mit ihrem Fachmann. Am nächsten Tag war er verschwunden. Der nächste, den sie zu uns auf den Parkplatz schickten, war Dr. Richard Besser, und einen besseren Partner hätte ich mir nicht wünschen können. Wir teilten die Auffassung, dass wir nur mit absoluter Offenheit den Auftrag erledigen konnten. Dr. Besser ist ein Spitzenmann, der später geschäftsführender Leiter der CDC wurde, dann Chefredakteur für Gesundheit und Medizin bei ABC News und außerdem zum Vorsitzenden und CEO der Robert Wood Johnson Foundation, einer Stiftung zur Förderung von öffentlicher Gesundheit, gewählt wurde. Dass er es hier mit einer völlig neuen Bedrohung zu tun hatte, brachte Besser nicht von seiner professionellen Einstellung ab, sondern er hielt erst recht daran fest. Er wusste, wie wichtig Beständigkeit in einer Krise ist.

Unsere unbesungenen Helden in der Milzbrandkrise waren aber die einfachen Agenten der Spurensicherung vom FBI Miami. Sowie wir wussten, dass wir es hier mit einem drei Stockwerke hohen Gebäude von insgesamt 5500 Quadratmetern Fläche voller Milzbrandsporen zu tun hatten, in dem sich ein Mann, der einfach nur wie jeden Tag zur Arbeit gekommen war, eine tödliche Infektion eingefangen hatte, mussten wir eine Entscheidung treffen: Unsere Leute konnten auf die Kollegen warten, die auf Spurensicherung unter Seuchenschutzbedingungen spezialisiert waren, oder sie konnten selbst die weißen Anzüge anlegen und gleich loslegen. Die Teams aus Quantico waren bereits durch die Milzbrandanschläge im Washingtoner Kapitol und in New York mehr als ausgelastet. Wenn wir sie anforderten, würden sie so bald wie möglich kommen oder zumindest unserer fähigen Spurensicherung fachliche Anleitung am Telefon geben, bis die eingearbeitet war. Ich schaute unserem Teamchef in die Augen und fragte ihn, ob wir damit auch selbst fertigwürden. Dieser Kollege, vor seiner Zeit beim FBI Marineoffizier und Gerichtszahnmediziner, war nicht der Typ, sich vor einer Herausforderung zu drücken. Er wusste, seine Spurensicherungsexperten waren der Aufgabe auch alleine gewachsen.

In Krimiserien wird es zwar anders dargestellt, aber die Spurensicherung beim FBI ist freiwillig, die Beamten sind ganz normale Agenten oder sonstige FBI-Angestellte, keine Experten, die nach dem College ausgewählt werden. Außer der Spurensicherung haben sie auch noch ihre eigenen Fälle zu bearbeiten und betreiben normale Ermittlungsarbeit, haben also mehr als genug zu tun. Trotzdem melden sie sich für die hochspezialisierte Ausbildung, in der sie lernen, wie man in den verschiedenen und ungewöhnlichen Umgebungen Beweismaterialien sammelt und Indizien dokumentiert. Meist sind das zwar Routinejobs, wie das berühmte Pinseln mit Fingerabdruckpulver, die Untersuchung der Hände eines Verdächtigen auf Schießpulverspuren oder das Aufsaugen von Haaren und Textilfasern, um sie später einem der bösen Jungs zuzuordnen. Aber es kommt auch oft genug vor, dass die Spurensicherung an die Schauplätze von Morden und Schießereien beordert wird oder sogar archäologische Ausgrabungen durchführt, wenn man vermutet, dass irgendwo eine oder mehrere Leichen verscharrt liegen. Damals, im Jahr 2001, erarbeiteten sich diese Teams gerade die Fähigkeit, auch in einer gefährlichen und sogar tödlichen Umgebung Beweise zu sichern.

Viele unserer Forensiker beim FBI Miami hatten gerade erst eine Seuchenschutzausbildung abgeschlossen, in der sie lernten, wie man die weißen Anzüge der Schutzklasse C richtig anlegt, wie man mit den Atemschutzgeräten umgeht (korrekt als Überdruckmasken mit Atemschutzfilter bezeichnet) und nach jedem Risikoeinsatz die Dekontaminierung durchläuft. Die Teilnehmer hatten allerdings eher damit gerechnet, dass sie in diesem Aufzug in geheime Crystal-Meth-Küchen geschickt würden als in ein mit Milzbrand verseuchtes Gebäude. Außerdem hätten sie kaum geglaubt, dass dieser Einsatz nur wenige Wochen nach dem Durchsuchungsmarathon in den Wohnungen der Attentäter des 11. September in Südflorida folgen würde. Für sie war die Krise zum Dauerzustand geworden.

Ungefähr eine Woche lang schwebten die Leute vom FBI Miami wie weiß gekleidete Gespenster durch die Eingänge des Gebäudes. Methodisch nahmen sie bakteriologische Proben von Korridorfußböden, Wänden, Schreibtischplatten und sogar den Decken. Jede Gruppe hatte ein strenges Zeitlimit, weil nicht nur die Schutzausrüstung bloß eine begrenzte Zeit funktioniert, sondern auch der Mensch darin. In Südflorida ist es sowieso schon heiß und schwül genug. Richtig schlimm wird es, wenn man jemanden in diesem Klima von Kopf bis Fuß in luftdichte Kunstfaser hüllt, diesen Polyethylenanzug dann um Handgelenke, Knöchel und Gesicht mit Isolierband sichert und den Menschen darin nur durch eine Maske Luft holen lässt, bevor man ihn in ein stickiges, abgeschottetes Gebäude mit drei Stockwerken schickt. Die Gruppenleiter bekamen über Funk regelmäßig Nachricht, wie viel Zeit ihnen noch blieb, bis sie ihre Leute aus dem Gebäude und in Sicherheit bringen mussten. Einmal draußen, war der Einsatz aber noch lange nicht vorbei.

Jetzt mussten die Spurensicherer sich in der Schlange vor der Dekontaminationseinheit anstellen, die die Feuerwehr von Boca Raton betrieb.

Jeder Einzelne wurde mit Wasser abgespritzt, Masken und Kopfhauben wurden abgeworfen und die Anzüge abgestreift wie Kokons. Die erschöpften Gesichter, die zum Vorschein kamen, waren genauso weiß wie der Stoff der Anzüge, und der Schweiß lief in Strömen in die Auffangwannen, in denen die Leute standen, manchmal schwankten sie wie kurz vor einem Zusammenbruch. Danach folgten weitere Vorsorge- und Sicherheitsvorkehrungen.

Sanitäter maßen den Blutdruck jedes Beamten und gaben bedenkliche Werte sofort an den FBI-Arzt vor Ort weiter. Als ob das nicht alles schon belastend genug für den Körper wäre, stimmten die meisten Teammitglieder der empfohlenen dreißig- bis sechzigtägigen Antibiotikatherapie zu, um einer möglichen Milzbrandvergiftung vorzubeugen. Das Medikament vernichtete weitgehend die Mikrobiota ihrer Gedärme mit entsprechenden Folgen für die Verdauung und machte sie außerdem extrem lichtempfindlich. Das hieß, ihre Haut wurde krebsrot, sowie sie auch nur kurz in die Sonne gingen. Solche Nebenwirkungen konnte wirklich niemand gebrauchen, und die Auswirkungen der ständigen Stressbelastung zeigten sich nur zu deutlich.

Natürlich bedeutete dieser Einsatz Stress. Es ist wichtig, die unterschiedlichen Arten von Stress zu erkennen. Da gibt es zum Beispiel den Stress, den man sich selbst macht, und den Stress, den einem andere bescheren. Beide Arten sind nicht sehr gesund, aber man kann lernen, damit umzugehen und sie sogar zu überwinden. Die meisten FBI-Agenten würden Ihnen sagen, dass es noch zwei weitere Arten Stress gibt — echten Stress und künstlichen Stress. Bei der Polizei und im Geheimdienst bedeutet echter Stress, dass ein Leben auf dem Spiel steht, womöglich sogar das eigene. Vielleicht ist es ein Wettlauf gegen die Zeit, um das Versteck eines entführten Kindes noch rechtzeitig aufzuspüren, man verfolgt einen flüchtigen Täter durch eine dunkle Seitenstraße, schleicht sich in das Haus eines Bandenchefs, um ein Abhörmikrofon zu installieren (mit richterlicher Genehmigung natürlich) – oder trifft Entscheidungen, die hoffentlich den nächsten Milzbrandanschlag verhindern. Das ist echter Stress.

Dann gibt es noch den künstlichen Stress. Den bereiten einem meistens Leute in dunklen Anzügen, manchmal mit eindrucksvollen Titeln, oft am Telefon und in einem Büro sehr weit weg. Sie verlangen Informationen, Berichte, Protokolle, Formulare und Antworten genau dann, wenn man wirklich Dringenderes zu tun hat. Sie können nicht einmal etwas dafür, weil sie selbst unter Druck stehen durch Leute in noch teureren Anzügen und mit noch eindrucksvolleren Titeln, die von ihnen dasselbe verlangen. Während der Anthrax-Ermittlungen erlebte ich diesen künstlichen Stress ständig. Ich musste damit umgehen lernen, dabei half mir meine Dienstzeit in der FBI-Zentrale.

Es ist begründet, dass das FBI allen Führungspersonen auch Dienstzeit in der Zentrale vorschreibt. Dadurch verstehen und würdigen sie erst richtig, dass sie Teil eines größeren Ganzen sind, und dass der jeweilige Fall, den man vor Ort bearbeitet, nur ein Teil eines großen Puzzles ist, das wir zusammensetzen müssen. Besonders galt das bei der landesweiten Anthrax-Ermittlung. Daher die endlosen Anrufe zu jeder Tages- und Nachtstunde, aber wiederum wie schon nach dem 11. September konnte ich ohnehin nicht mehr schlafen – ein sicheres Anzeichen, wie sehr ich ständig unter Stress stand.

Zum Glück hatte die Dienststelle Miami vorausgesehen, dass dieser künstliche Stress kommen würde. Der Chef stellte eine spezielle Einsatzgruppe mit eigenen Leitern auf, die den ganzen Tag nichts anderes taten, als schriftliche und mündliche Auskünfte für die Zentrale zusammenzustellen. Wie viele Einsätze hat die Spurensicherung heute gehabt? Wie viele Proben sind entnommen worden? Wo fanden sich die höchsten Konzentrationen von Milzbrandsporen? Haben Sie schon die örtlichen und regionalen Postämter und Verteilzentren auf Sporen untersucht? Mit welchem Ergebnis? Wie viele Zeitungsmitarbeiter, Angehörige, Postangestellte, Müllmänner, Freunde, Feinde und so weiter haben Sie bisher befragt? Wann halten Sie die nächste Pressekonferenz ab, und was sagen Sie? Warum will Governor Jeb Bush unterrichtet werden? Wann erledigen Sie das? Die Bürokratie-Abwehreinheit hatte ihre Basis im Büro in West Palm Beach, und meistens hielt mir diese räumliche und organisatorische Trennung den Rücken frei, um mich auf die Probenentnahme am Tatort zu kümmern. Meistens. Außer zum Beispiel, wenn das Weiße Haus eine Frage an mich hätte, und es hatte wirklich eine.

Als ich eines Morgens sehr früh in den Wohnwagen stieg, empfing mich ein Agent mit dem Telefonhörer in der Hand: Die Zentrale wolle mich sofort sprechen. Ich fragte ihn, wer dran sei. Der Agent nannte den Namen eines hohen Tiers in der Antiterrorabteilung und fügte hinzu: »Er hat jemanden vom Weißen Haus in der Leitung, der ein paar Fragen zum wissenschaftlichen Vorgehen bei der Probenentnahme hat.« Ein weiterer Agent, der meinen Gesichtsausdruck richtig las, schob mir rasch einen Becher Kaffee zu. Wir starrten alle drei auf den blinkenden Rufannahmeknopf des Telefons. Das FBI ist hierarchisch aufgebaut, Anfragen laufen über den Dienstweg, und ich stand mehrere Rangstufen unter dem Mann aus der Zentrale, der mich direkt anrief. Bosse in schicken Anzügen und mit noch schickeren Titeln rufen nicht einfach so den Typ im Wohnanhänger am Tatort an, vor allem nicht um 6 Uhr früh. Leute aus dem Weißen Haus tun das erst recht nicht. Andererseits hatten wir auch noch nie eine Serie von Milzbrandanschlägen erlebt.

Ich fragte, ob der Leiter der Spurensicherung schon da sei. Er kannte jeden Quadratzentimeter des Gebäudes und jede Einzelheit unserer Methode. Nein, er sei noch im Bett und hole ein bisschen Schlaf nach. Ich entschied, das sei wichtiger für den Erfolg der Ermittlungen als jede mögliche Frage aus Washington, und außerdem hatte ich mir genau angeschaut und zu verstehen versucht, wie wir im Gebäude vorgingen und warum unsere Methode die beste war. Bevor ich den Entnahmeplan genehmigte, hatte ich die FBI-Mikrobiologen, die CDC-Epidemiologen, die Spezialisten des staatlichen Labors und unsere eigenen Forensiker mit endlosen Fragen gelöchert. Für die Entscheidungen, was wir im Gebäude anstellten, war ich sowieso verantwortlich, ob sie Gnade fanden oder nicht. Ich nahm den Hörer also ab.

Das hohe Tier aus der Zentrale hatte ganz klar schon einige Tassen Kaffee intus. Rasend schnell und ziemlich laut quakte es aus der Hörmuschel: »Figliuzzi, ich habe die Wissenschaftsberaterin des Präsidenten in der Leitung. Sie will Ihnen detaillierte Fragen zur Methode der Probenentnahme stellen, die Sie da unten einsetzen. (Jetzt wurde er noch lauter.) Können Sie ihre Fragen beantworten?« So ruhig wie möglich erwiderte ich: »Ich kenne die Fragen zwar noch gar nicht, aber das hier ist mein Tatort. Wenn ich sie nicht beantworten kann, dann überhaupt niemand.« Er beruhigte sich ein bisschen und stellte mir den Anruf der Wissenschaftsberaterin durch. Ihrer Formulierung merkte ich an, dass sie ebenso mit der Wahl zwischen verschiedenen Methoden der Proben-entnahme kämpfte wie wir zu Anfang. Ich erklärte ihr, für welche wir uns entschieden hatten und warum, sie stimmte mir zu und verabschiedete sich. Inzwischen drängte sich eine kleine Menschenmenge in unserem bescheidenen Quartier, und alle zusammen atmeten wir erleichtert auf. Künstlicher Stress bewältigt, zumindest fürs Erste.

Ich sah den müden Gesichtern und gebeugten Gestalten die Erschöpfung an. Dieselben Menschen, die gerade erst unsere Ermittlungen nach dem 11. September in Südflorida durchgestanden hatten, kämpften jetzt im ersten Glied der nächsten, ebenso überwältigenden Krise. Ich machte jeden Tag mehrmals die Runde auf dem Parkplatz und ging von einer Arbeitsstation zur nächsten, um zu schauen, wie es den Leuten ging und wie es um ihre Moral stand. Wir hatten unter anderem eine Station zur Aufnahme und Einlagerung von Beweismaterial, die Dekon-taminierungsstation, den Einsatzbus der Mikrobiologen, unseren Wohnwagen von der Spurensicherung, eine Nachrichtenzentrale und eine Erste-Hilfe-Station. Wir trafen uns zwar zweimal täglich zu einer Einsatzbesprechung über Ziele und Errungenschaften des Tages, aber wenn ich informell vorbeikam, konnten die Leute mir zwanglos Fragen stellen, Bedenken äußern und Gerüchte erzählen. Während eines längeren Kriseneinsatzes ist es kein Luxus, sondern eine Notwendigkeit, ständig den Finger am Puls der Einsatzkräfte zu haben.

Viele redeten offen über die Sorgen, die sich die Angehörigen zu Hause um sie machten – Kinder, die fragten, ob das ihr Dad oder ihre Mum sei, die im Fernsehen im weißen Seuchenschutzanzug gezeigt wurde. Viele Fragen betrafen die Langzeitwirkungen der ständigen Antibiotikadosen, die sie schluckten, und sogar solche Einzelheiten, ob Cipro (Ciprofloxazin) oder Doxycyclin in diesem Fall das richtige Medikament sei. Das war noch nicht richtig erforscht, und ich gab die meisten dieser Fragen an unseren Arzt weiter, der aus Washington zu uns gekommen war. Ich versicherte meinem Team, dass es nicht alleine mit seinen Leiden war – ich nahm selbst auch Cipro. Vielleicht half es ihnen ja, wenn sie wussten, dass der Chef sich dieselben Fragen stellte. Meine informellen Besuche waren jedenfalls willkommene Pausen im Stress für die Leute und auch für mich. Manchmal passierte auch etwas Komisches, das uns ein bisschen ablenkte.

Am Tatort herrschte ernste, angespannte Arbeitsatmosphäre, aber jeder, der regelmäßig mit Fällen zu tun hat, in denen es um Leben und Tod oder um die nationale Sicherheit geht, wird bestätigen, dass es oft unerwartet etwas zum Lachen gibt. Polizisten, Notaufnahmeschwestern, Rettungssanitäter und Ärzte haben alle solche Geschichten auf Lager, die sie noch nach Jahren zum Lächeln bringen. FBI-Agenten geht es genauso. Wir besprachen uns zum Beispiel öfter mit David Pecker, dem Verlagschef, und seinen Mitarbeitern. Wir hielten sie über den Status des Gebäudes auf dem Laufenden, baten um Schlüssel und Baupläne und stellten Fragen zur Klimaanlage. Dabei machten wir Pecker ein Angebot, weil uns klar war, dass auch nach Abschluss unserer Arbeit das Gebäude wohl gesperrt bleiben würde, vielleicht für immer, oder zumindest, bis der Verlag jemanden fand, der es dekontaminierte. Pecker nahm es an.

Es ging darum, dass unser Teamchef Pecker eines Tages am Telefon sagte, er könne ein oder zwei persönliche Besitztümer, die ihm am meisten bedeuteten, aus seinem Büro zurückbekommen. Wenn er beschrieb, wo sie sich genau befanden, würden seine Leute sie herausholen, dekontaminieren und ihm übergeben. Der CEO antwortete sofort, vor seinem Büro hingen zwei große gerahmte Fotos an der Wand, die er gerne wiederhätte. Wie sich herausstellte, handelte es sich dabei um ein Bild der Leiche Elvis Presleys im offenen Sarg und eine Fotomontage, die *Bat Boy* zeigte, einen Jungen, der angeblich halb Mensch, halb Fledermaus war.

Auch einen anderen Aspekt unserer Spurensuche fand ich amüsant, weil er mich ansonsten verrückt gemacht hätte. Weil wir gerade als der allererste milzbrandverseuchte Tatort Kriminalgeschichte schrieben, wollte die Zentrale jeden Schritt, den ich unternahm, und jede Entscheidung, die ich traf, genau dokumentieren. Eines Tages erhielt ich einen Anruf, dass man uns aus Washington einen »Protokollführer« schicken würde, der sich an meine Fersen heften und alles, was ich tat, der Nachwelt überliefern solle. Der nette junge Mann, der dann auftauchte, entschuldigte sich wortreich und versicherte, er sei bestimmt kein Spion der Zentrale. Er schrieb meine tägliche Arbeitsroutine aus Besprechungen, Planung und Ausführung mit und notierte sich alle wichtigen Entscheidungen und Gespräche mit den CDC und den Labors. Hin und wieder schlug ich ihm vor, er solle auch aufschreiben, was ich zu Mittag aß und wie lange ich durchschnittlich auf dem Dixieklo hockte. Nach ein paar Tagen war er wieder verschwunden.

Bei der Arbeit am vorliegenden Buch schaute ich mir die öffentlich zugänglichen Berichte zum Tod von Robert Stevens an. Viele waren ganz einfach falsch. Der Ablauf war, soweit wir das feststellen konnten, wie folgt: Unsere Proben ergaben eine deutliche Spur aus Milzbrandsporen von der Stelle, an der die Post angeliefert wurde, bis zu dem Raum, in dem die Post sortiert wurde, und von dort aus weiter auf dem Weg, den der Postkarren geschoben wurde, mit dem die Briefe in die einzelnen Büros gebracht wurden, und hier besonders an zwei Stellen. Briefe und Päckchen, die nicht an einzelne Redakteure adressiert waren, sondern zum Beispiel einfach an »The National Enquirer«, landeten in einer dafür vorgesehenen Kiste oben auf einem Regal in der Poststelle. Die »allgemein adressierten« Briefe und Päckchen warteten hier still und geduldig, bis ihre Reise weiterging. Wohin sie ging, bestimmte eine junge Mitarbeiterin, die jede dieser Sendungen öffnete, feststellte, worum es ging, und sie dann mit dem Postkarren an den am ehesten Zuständigen weiterleitete.

Einer dieser Briefe war zwar still, aber nicht geduldig. Er wartete nicht, bis er seine mörderische Botschaft ablieferte, sondern ließ sie die ganze Zeit über heraussickern. Unter den Briefen in der Kiste oben auf dem Regal war einer, aus dem mikroskopisch kleine Sporen rieselten, die die anderen Briefe und Päckchen überzogen, durch Spalten im Kistenboden stäubten und sich im Regalfach darunter niederließen. Dieser unsichtbare Staubfall sammelte sich oben auf einer offenen Packung Kopierpapier, die genau unter der Postkiste lag. Robert Stevens wollte ein paar Blätter kopieren und griff sich das Papier. Aus unseren Befragungen und den Laborergebnissen rekonstruierte ich, dass Stevens mit dem Papierstapel zu einem der Kopierer weiterging, nämlich zu dem, den wir später voller Milzbrandsporen fanden. Sie saßen nicht nur auf dem Gerät selbst, sondern auf dem Fußboden darunter und darum herum und sogar an der Decke darüber. Stevens, 62 Jahre alt und mit einer chronischen Atemwegserkrankung belastet, schob den Stapel in das Papierfach, beugte sich über den Kopierer, drückte eine Taste – und atmete die Sporenwolke ein, die ihm ins Gesicht schoss.

Untermauert wurde unsere Theorie von einer weiteren Sporenfährte, die in der Poststelle begann und zum Schreibtisch der jungen Mitarbeiterin führte, die dafür zuständig war, die allgemein adressierte Post zu öffnen und weiterzuleiten. Wo war diese Frau? Sie stand nicht auf der Liste der bereits befragten und untersuchten Mitarbeiter. Sie ging nicht an ihr Telefon. Der Leiter des Befragungsteams und ich sahen uns nachdenklich an. Ohne es aussprechen zu müssen, wussten wir, dass wir beide dasselbe fürchteten. Lag die Frau, die das Päckchen geöffnet hatte, womöglich tot oder schwerkrank an einem unbekannten Ort? Meine nächste Anweisung lautete natürlich: »Finden Sie diese Frau. Rufen Sie weiter an, fahren Sie zu ihr, kontaktieren Sie die Eltern, die Verwandten, und stöbern Sie sie auf.«

Wenn ich mich plötzlich mitten in einer schweren Krisensituation oder in einem Einsatz fand, bei dem besonders viel auf dem Spiel stand, verhalf es mir manchmal zu ein bisschen Distanz oder sogar einem Lächeln, wenn ich mich daran erinnerte, dass um mich herum für die Menschen das Leben weiterging. Oft wussten sie gar nicht, was sich direkt neben ihnen Dramatisches abspielte. Das ist ja auch so gedacht, dazu gibt es das FBI – damit die anderen ihr normales Leben führen können, ohne sich das Gewicht der ganzen Welt auf die Schultern zu laden. Jeden Morgen, wenn ich zu unserem Tatort fuhr, kam ich an Kindern vorbei, die in den Schulbus stiegen, an Moms und Dads auf dem Weg zur Arbeit, an Joggern, die ihre Runden drehten. Boca ist ein

Ferienort, es gab also auch Urlauber hier, und sogar Verlagsmitarbeiterinnen machen Urlaub. Deshalb nämlich war Stephanie Daily unauffindbar – sie hatte sich freigenommen.

Unsere Leute erreichten sie schließlich am Telefon. »Darf ich Sie fragen, wie es Ihnen geht?« Stephanie ging es gut. Eine Agentin bat, persönlich vorbeikommen zu dürfen. »Klar, gern.« Als sie sich mit unseren Ermittlern zusammensetzte, erhielten wir eine Flut neuer Informationen. Wir hatten zwar das verdächtige Päckchen noch nicht gefunden, aber Fotos der Umschläge, die an die anderen Redaktionen und an die beiden Kongressabgeordneten gegangen waren. Unsere Ermittler zeigten der lächelnden, unbekümmerten jungen Dame die Bilder und fragten sie, ob sie etwas Ähnliches geöffnet habe, vielleicht mit weißem Pulver darin. Hatte sie auch. Sie erinnerte sich sogar gut daran.

Das weiße Pulver, das sich auf ihrem ganzen Schreibtisch verteilte, hatte Stephanie nämlich sehr geärgert. Sie stopfte den Umschlag und seinen Inhalt in den Mülleimer und marschierte aufs Klo, wo es Papierhandtücher gab. Sie schrubbte sich die Hände mit Seife und heißem Wasser ab, kehrte an ihren Schreibtisch zurück und wischte die Platte sauber. Als sie das weiße Pulver aufgewischt hatte, warf sie die benutzten Papierhandtücher in ihren Mülleimer. Diese ruhige, freundliche Frau hatte ihr eigenes Leben und möglicherweise auch das Leben anderer mit Wasser und Seife gerettet. Ihr Nasenabstrich testete übrigens positiv für Milzbrand. In ihren Schleimhäuten hatten sich zahlreiche Sporen eingenistet. Nicht so viele, dass sie einen jungen, gesunden Menschen krank gemacht hätten, aber genug, um Stephanie denken zu lassen, dass ihr Glaube sie gerettet habe, wie sie uns anvertraute.

Ich wasche mir bis heute noch ganz automatisch die Hände, nachdem ich die Post geöffnet habe.

Diese Gewohnheit war nicht die einzige Folge meiner Erlebnisse im Herbst 2001. Die ständigen Nachtschichten für die Ermittlungen gegen die Täter des 11. September, direkt gefolgt vom langen, anstrengenden Spurensicherungseinsatz nach dem Milzbrandanschlag machten mich buchstäblich krank. Das FBI arbeitet nicht wie ein Polizeirevier, auf dem sich Tag- und Nachtschicht, jede mit ihrer eigenen Befehlskette, regelmäßig abwechseln. Wenn nach Feierabend etwas passiert, macht man eben Überstunden. Wenn man um 3 Uhr früh wegen einer Entführung aus dem Bett geholt wird, kommt man zum Dienst, und wenn man das Wochenende durcharbeiten muss, um einen Terroranschlag zu verhindern, arbeitet man eben durch. Ist die Notlage vorüber, nimmt man sich Freizeit zum Ausgleich und holt den versäumten Schlaf nach – außer, wenn die Notlage zum Dauerzustand wird. Für mich dauerte sie viel zu lange.

Die Suche nach den Milzbrandsporen im Verlagsgebäude war immerhin ein Einsatz, der tagsüber ablief, also gelang es mir einigermaßen, den Tag-Nacht-Rhythmus des Körpers wieder zu normalisieren. Zuvor hatte ich kaum Kaffee getrunken, jetzt steigerte ich mich auf mehrere Tassen pro Tag. Wenn ich nach einem endlos langen Arbeitstag endlich nach Hause kam, versuchte ich mich zu entspannen und die Nacht durchzuschlafen. Und schon klingelte wieder das Telefon – fast immer war die Zentrale dran. Dieses Mal riefen hauptsächlich die Spezialisten der Nachtschicht an, die Materialien für die Morgenbesprechung des Directors zusammenstellten, öfter auch für den »PDB«, den President's Daily Brief, also die tägliche Unterrichtung des Präsidenten. Die Antworten auf die Fragen, die sie mir stellten, hätten sie meist auch in der täglichen Zusammenfassung gefunden, die das FBI Miami nach Washington schickte, aber sie brauchten sie offenbar von mir selbst. Jetzt bekam ich nicht nur kaum noch Schlaf, ich konnte überhaupt nicht mehr schlafen. Wochenlang. Ich war krank.

Ich hatte angenommen, meine innere Uhr würde nach Ende dieser Ermittlungen wieder in den normalen Rhythmus zurückfinden und mir den Schlaf gönnen, den ich so sehr ersehnte. Aber auch danach konnte ich nicht schlafen. Eine Nacht nach der anderen starrte ich an die Decke. Ich stand auf und versuchte zu lesen oder fernzusehen. Ich versuchte es mit Fitnesstraining und rezeptfreien Schlafmitteln. Ich strich den Kaffee. Nichts half. Ich arbeitete wieder in meinem gewohnten Büro, kam mir aber vor wie unter Wasser. Damals wusste ich noch nicht, dass ich mir chronische Schlaflosigkeit eingehandelt hatte. Ich schlug nach, wie lange ein Mensch wohl ohne Schlaf auskommen kann. Als ich merkte, dass ich das Problem nicht selbst lösen konnte, ging ich zu einem Facharzt für Schlafstörungen. Eine Nacht im Schlaflabor, die ich verkabelt mit Sensoren am Kopf und am Körper verbrachte, bestätigte, was ich schon wusste – ich war völlig aus dem Takt. Ich war dankbar, dass der Arzt das bestätigte, und danach war ich schnell wieder auf dem Damm. Seitdem halte ich Schlaf nicht mehr für selbstverständlich, sondern achte auf gute Schlafhygiene, das heißt, ich versuche möglichst immer zur selben Zeit ins Bett zu gehen und aufzustehen und habe mir ein Ritual zurechtgelegt, um mich innerlich aufs Einschlafen einzustellen. Beständigkeit hilft, wenn man sie sich leisten kann. Allerdings muss sie die Regel darstellen, keine bloße Option.

FBI-Handbücher enthalten unerschöpflich viele Anleitungen für so gut wie alles. Diese Hinweise helfen ebenfalls, Beständigkeit zu wahren. Es gibt sogar eine Vorschrift, die besagt, dass ein Agent die Tankanzeige in seinem Dienstwagen nie unter ein Viertel fallen lassen soll. Das ist nur vernünftig, denn im Kampf gegen das Verbrechen kann es immer sein, dass man unerwartet in eine Verfolgungsjagd gerät, auf einen Notruf reagieren muss oder einen längeren Beschattungsauftrag bekommt. Es ist aber auch eine gute Metapher für den Umgang mit dem eigenen Körper. Man sollte immer ein bisschen Reserve im Tank haben. Wenn man das Tanken zu lange hinauszögert, riskiert man, den Tank des Körpers leer zu fahren und den Motor zu ruinieren. Heute weiß ich, dass ich damals früher eine Auszeit nehmen und zum Arzt hätte gehen sollen. Nur zu oft macht man sich vor, man sei der Einzige, der sich selbst wieder in Ordnung bringen könne, aber das stimmt nicht. Viele schämen sich zuzugeben, dass sie Hilfe brauchen, aber diese Scham muss man überwinden.

Fast ein Jahr nach unserem ersten Spurensicherungseinsatz bei der Zeitung mussten wir die Spurensicherung wiederholen. Diesmal standen wir längst nicht so sehr unter Druck. Es gab mittlerweile neue Methoden Proben zu sammeln und verbesserte wissenschaftliche Verfahren, um Milzbrandsporen zur identifizieren und ihre Dichte zu bestimmen. Ein weiterer Einsatz lohnte sich, so konnten wir unsere Theorien überprüfen. Außerdem hatten wir die Hoffnung immer noch nicht aufgegeben, den tödlichen Brief, in dem die Sporen verschickt worden waren, doch noch zu finden, auch wenn wir es lange genug erfolglos versucht hatten. Der Umschlag war, so vermuteten wir, mit dem Rest des Mülls aus dem längst geleerten Container auf dem Parkplatz auf eine Deponie in der Umgebung gewandert. Dieser zweite Einsatz dauerte länger und war noch gründlicher als der erste. Die Spurensicherung des FBI Miami, jetzt verstärkt durch ein komplettes Hazardous Material Response Team, ein Sondereinsatzkommando für die Bergung gefährlicher Stoffe, verbrachte zwei brütend heiße Augustwochen mit insgesamt vierhundert Vorstößen in das verseuchte Gebäude und entnahm dabei über fünftausend Proben. Das war die umfangreichste Sicherungsaktion für gefährliche Materialien an einem Tatort in der Geschichte der USA. Unsere Leute waren allerdings, wie sich herausstellte, nicht die einzigen, die im abgesperrten Gebäude ein und aus gingen.

Als ich eines Tages gerade nicht in unserem vergleichsweise komfortablen klimatisierten Wohnwagen saß, glaubte ich aus dem Augenwinkel etwas die Einfahrt in die Tiefgarage des Verlagsgebäudes watscheln zu sehen. Als ich genauer hinschaute, war es verschwunden. Ich dachte, das sei die Hitze, aber als ich einen Kollegen, der neben mir stand, danach fragte, meinte er: »Ach, das Opossum wieder. Es gibt hier eins, das sich einen Weg nach drinnen gesucht hat.« Ich war froh, dass der Protokollant aus der Zentrale nicht dabei war. Die FBI-Richtlinien zum Einsatz von Waffengewalt erfassen leider keine milzbrandverseuchten Beuteltiere, die Wohnviertel heimsuchen. Da unser zweiter Großeinsatz im Gebäude wieder die Übertragungswagen der Nachrichtensender und Reporterteams aus dem Ausland angelockt hatte, sah ich schon eine CNN-Story über das mörderische Milzbrandopossum vor mir, das einen Kinderspielplatz in Angst und Schrecken versetzte. Wir wussten alle sofort, was zu tun war, obwohl wir es nicht gerne taten. Wenigstens sollte es human und in aller Stille geschehen. Wir wandten uns an einen örtlichen Tierarzt, der die Beutelratte einfing und einschläferte.

Die Opossum-Anekdote wäre an sich kaum des Erzählens wert. Wir brauchten kaum zwei Minuten, um zu entscheiden, wie wir das Problem lösten, und diese Entscheidung war unwichtig im Vergleich zu den unzähligen anderen, viel folgenreicheren, die wir jeden Tag trafen, aber sie illustriert einen wichtigen Aspekt der Beständigkeit. Dass wir uns so schnell und instinktiv einig waren, was mit dem Opossum geschehen musste, lag nicht daran, dass die Sache nicht so wichtig war (außer für das Tier natürlich), sondern daran, dass einem im FBI das Entscheiden zur zweiten Natur wird. Je länger man dabei ist und je größere Verantwortung man übernimmt, desto besser lernt man, verfügbare Informationen, mögliche Optionen und ihre Folgen in zweiter und dritter Ableitung schnell, beständig und systematisch zu bewerten, und zwar während man laufend mit neuen Daten überflutet wird. Das kann der erfahrene Agent im Außeneinsatz ebenso wie der langjährige Spezialist in einer Dienststelle oder ein hohes Tier in der Zentrale nach vielen Dienstjahren.

Entscheidungsfähigkeit erlangt man nicht im luftleeren Raum. Im FBI nahm ich auf jeder Stufe meiner Karriereleiter an regelmäßigen, oft täglichen Besprechungen teil. Wenn alle Beteiligten beständig und präzise ihrem Chef und den Kollegen mitteilen mussten, welche neuen Entwicklungen es in ihrem Fall, ihrer Einsatzgruppe, ihrer Dienststelle oder ihrer Abteilung der Zentrale gab, wurde jede Besprechung zu einer Lehrstunde in Entscheidungsfindung. Man erfuhr nicht nur, was die Kollegen taten, sondern auch, wie gute und schlechte Entscheidungen zustande kamen. Die Vortragenden bekamen in kollegialer Offenheit Vorschläge, Optionen, Anleitungen und Warnungen. Sogar auf der relativ niedrigen Ebene einer Einsatzgruppe in einer Dienststelle konnte ein zwangloses Gespräch unter Beamten im Gemeinschaftsraum das Vorgehen in einem Fall ändern.

In der Zentrale war die tägliche Routine der Morgenbesprechung beim Director und der Abendbesprechung mit den drei Executive Assistant Directors, der zweithöchsten Führungsebene, nicht unbedingt beliebt, aber der beständige Rhythmus hatte etwas, das ihn über bloße Routine hinaushob. Ich meine jetzt nicht nur Besprechungen, sondern ein System für das ganze Leben, den täglichen Ablauf im Job oder im Studium. Entwickeln Sie für sich ein solches System, halten Sie sich daran, wenn es funktioniert, und ändern Sie es, wenn es nicht funktioniert, es geht darum, ein beständiges System zu generieren anstatt ständig zu improvisieren.

Verfahren und Methoden zu finden, die funktionieren, und diejenigen auszusondern, die nicht funktionieren, hilft einem auch dabei, das Ziel nicht aus den Augen zu verlieren. Außerdem wird man gewarnt, wenn etwas nicht stimmt. Während der Anhörungen zum Amtsenthebungsverfahren gegen Präsident Trump im US-Repräsentantenhaus 2019 erlebten wir, wie ein treuer Regierungsbeamter nach dem anderen aussagte, dass die Geschehnisse im Weißen Haus unter Trump so sehr gegen die eingeführten Prinzipien verstießen, dass sie eine Bedrohung der nationalen Sicherheit darstellten. Diese Zeugen waren keine unzufriedenen Bürokraten, die sich aufregten, dass liebgewonnene Gewohnheiten in der Außenpolitik sich änderten. Es waren Patrioten, die Probleme aufzeigten, als ihnen klar wurde, dass eine Art Schattenkabinett jenseits aller Normen tätig war. Diese aufrechten Männer und Frauen gehörten nicht zu einem »Schattenstaat« des Establishments, sondern es waren vielmehr Berufsbeamte, aus denen der Staat besteht.

Verstehen Sie mich bitte nicht falsch: Man sollte Beständigkeit nicht mit Starrsinn verwechseln. Bürokratie kann schlimmstenfalls dazu führen, dass man in einem Sumpf überholter, nutzloser Regeln und Vorschriften versinkt. Der Bürokrat schlimmster Sorte ist derjenige, der sich so an ein Verfahren gewöhnt hat, um eine Aufgabe zu erledigen, dass er vergessen hat, wieso man die Aufgabe gerade auf diese Art erledigt. Der zweite Vorname des FBI lautet zwar »Büro«, und sicher gibt es dort genug lästige Vorschriften und Verfahren, aber die Organisation erkennt zuverlässig, wann sie sich ändern muss, und belohnt diejenigen, die solchen Wandel anstoßen. So hat sich zum Beispiel das Verfahren der Mitarbeiterbewertung während meiner Dienstzeit mehrfach geändert, und am besten gefiel mir die Version, die zum Schluss in Kraft war. Zu den Leistungskriterien, die bewertet wurden, gehörte auch »Flexibilität/Anpassungsfähigkeit«. Erfolgreiche Behörden, Firmen und Menschen bleiben ihrem Kodex treu, auch wenn sie die Verfahren, nach denen er ausgeführt wird, ändern und anpassen. Das kann sogar heißen, dass man seinen gesamten Arbeitsansatz ändern muss, um seine Werte zu wahren. So ging es dem FBI nach dem 11. September. Nach dieser US-weiten Krise mussten wir uns anpassen, um zu überleben.

Die katastrophalen Terroranschläge erschütterten das FBI in seinen Grundfesten. Jeder, der einen Fernseher hatte, wusste, dass die Geheimdienste und Polizeibehörden der USA ihre Arbeitsweise reformieren mussten, um ihre Aufgabe, das Land zu beschützen, weiter erfüllen zu können. Was das FBI anging, so musste es von einer Ermittlungsbehörde, die sehr erfolgreich Täter und den Ablauf einer Tat feststellen konnte, zu einer Art Geheimdienst werden, der die Pläne des Gegners aufdeckte und Aktionen verhinderte, bevor er sie ausführen konnte. Bei Änderungen im strategischen Maßstab ist es jedoch viel leichter, die Notwendigkeit eines solchen neuen Ansatzes zu erkennen, als ihn tatsächlich einzuführen. Während das FBI noch dabei war, seine gesamte Strategie neu aufzustellen, verlangten Politiker und Lobbyisten in Washington allen Ernstes seine Auflösung.

Ausschüsse traten zusammen, Weißbücher wurden verfasst, Denkfabriken tagten. Die meisten Fragen, die sich die US-Geheimdienste stellen lassen mussten, waren gerechtfertigt: Wieso haben wir das nicht kommen sehen? Hat die CIA dem FBI wirklich alles mitgeteilt, was sie wusste? Hat das FBI die Warnzeichen, die die Dienststellen erkannten, ernst genommen? Gibt es einfach zu viele Geheimdienste? Aber manche Vorwürfe gegen das FBI waren bestenfalls ungerecht und dienten schlimmstenfalls dem Machtgewinn derjenigen, die sie erhoben. (Ich weiß, Sie sind jetzt schockiert, dass manche Politiker in Washington tatsächlich von Machtstreben und Ehrgeiz motiviert werden.)

Manche der Mächtigen äußerten sogar Zweifel, ob das FBI überhaupt weiterhin existieren solle. Viele, die solche Zweifel äußerten, meinten, es habe in seiner jetzigen Form zu viele verschiedene Aufgaben. Das FBI ist die wichtigste Ermittlungsbehörde der USA und für die Aufklärung von Verstößen gegen über 300 Bundesgesetze zuständig. Das FBI hat aber mit der Abwehr von Terrorangriffen und Spionage auch Geheimdienstaufgaben zu erfüllen und sammelt außerdem Informationen für andere Geheimdienste. Seine Agenten und Experten befassen sich mit Drogenhandel, Bankraub, Straftaten in Indianerreservaten und Hunderten anderer Vergehen und jagen gleichzeitig ausländische Spione und internationale Terroristen weltweit. Aber das FBI war nicht mit dieser Fülle von Aufgaben überfordert, es wurde gerade dadurch stärker, nicht schwächer. Das hatte nicht jeder verstanden und daher mussten wir den Sachverhalt den Bedenkenträgern aufzeigen.

Mitten in den Ermittlungen gegen die Täter des 11. September und in der Ausarbeitung einer völlig neuen Strategie und neuer Prioritäten musste das FBI in Washington um seinen Weiterbestand kämpfen. Manche Reformvorschläge sahen vor, es in zwei Behörden aufzuteilen – eine für die Strafverfolgung und einen Geheimdienst. Andere forderten, das FBI solle in das hastig eingerichtete Heimatschutzministerium (Department of Homeland Security) mit seinen 240 000 Beschäftigten in 22 unterschiedlichen Behörden eingegliedert werden. Den Überlebenskampf des FBI führte Director Robert S. Mueller III. an, der erst zwei Wochen vor dem 11. September das Ruder übernommen hatte. Als ehemaliger Staatsanwalt, Bundesanwalt und stellvertretender Justizminister wusste er, dass das interne Zusammenspiel, das sich aus der straffen Organisation des FBI ergibt, seine Stärke ist. Davon musste er jetzt auch seine Gegner überzeugen.

Manche derjenigen, die das FBI aufspalten wollten, überlegten es sich anders, als sie die Erfahrungen unserer Kollegen aus Kanada und Großbritannien hörten. Unsere zwei engsten Verbündeten haben ein großes Kriminalamt mit Pistolen und Handschellen und einen Inlandsgeheimdienst für Spionageabwehr und innere Sicherheit. Bei den Briten ist der MI-5 für Terror- und Spionagebekämpfung zuständig. Doch wenn der MI-5 jemanden verhaften will, muss er dafür die zuständige Polizei rufen, in London zum Beispiel die Metropolitan Police (bekannt als Scotland Yard) oder eine Spezialeinheit aus anderen Polizeibezirken. Unsere Nachbarn im Norden haben die Royal Canadian Mounted

Police (RCMP), um gegen Personen zu ermitteln, deren Verbrechen ein nationales Sicherheitsrisiko darstellen, aber eingeleitet werden diese Ermittlungen oft vom Inlandsgeheimdienst Canadian Security Intelligence Service (CSIS). Eine Wand zwischen den beiden Behörden zu errichten ist nicht sinnvoll.

Ich erlebte dieses Problem unmittelbar in meiner Zeit als Chef der Spionageabwehr. Die US-Geheimdienste erhielten einen brisanten Tipp, dass ein Offizier des Abschirmdiensts der kanadischen Marine für die Russen arbeite. Sub-Lieutenant Jeffrey Paul Delisle war in einem geheimen Nachrichtenzentrum in Halifax stationiert und hatte viel zu leichten Zugang zu Geheimsachen aller fünf Teilnehmerstaaten der »Five Eyes«: Australien, Kanada, Neuseeland, das Vereinte Königreich und die USA. Es war ein klarer Bruch der Sicherheitsvorschriften, auf die sich diese Staaten geeinigt hatten, dass Delisle eine Computersuche nach sämtlichen Geheimdokumenten durchführen konnte, die sich auf Russland bezogen, und diese Dokumente auf einen USB-Stick speichern und mit nach Hause nehmen konnte, wo er sie von seinem privaten Computer aus an seinen russischen Führungsoffizier überspielte. Er gab Russland die geheimsten Russlandberichte der Vereinigten Staaten und ihren Verbündeten volle fünf Jahre lang preis. Sowie wir von Delisles Aktivitäten Wind bekamen, wollten wir den Kanadiern natürlich sofort Bescheid sagen, damit sie den Kerl stoppten. Ganz einfach, oder? Nein, nicht wenn man es mit einem System zu tun hat, das ganz anders aufgebaut ist als unseres. Wie wir dem CSIS die schlechte Nachricht genau überbrachten, ist noch geheim, aber kein Geheimnis ist, dass der kanadische Inlandsgeheimdienst unsere Informationen erst noch bestätigen wollte, bevor er die RCMP einschaltete. Ein Problem wurde daraus, als es Zeit war, Delisle die Handschellen anzulegen. Der *Star*, eine kanadische Zeitung, berichtete später: »Der kanadische Nachrichtendienst beobachtete monatelang im Geheimen, wie Delisle hochgeheime Informationen an Russland weitergab, ohne die RCMP zu benachrichtigen, wie jetzt bekannt wurde. Es stellt sich die Frage, ob der Marineoffizier nicht früher hätte festgenommen werden können.«

Weiter heißt es in dem Zeitungsbericht: »Die Spionageagentur (CSIS) hielt ihre Ermittlung aus juristischen Gründen geheim. Sie fürchtete, sonst bei einem öffentlichen Gerichtsverfahren wertvolle Interna der kanadischen und US-amerikanischen Geheimdienste preisgeben zu müssen. So kam es zu dem bizarren Umweg, dass das FBI – nicht der CSIS – der RCMP schriftlich erklärte, wie ein kanadischer Staatsbürger extrem vertrauliche Informationen missbrauchte, darunter auch streng geheimes US-Material.« Jemand hätte die Polizei rufen müssen – die kanadische –, und diese Aufgabe war mir zugefallen.

Ich schrieb der RCMP einen ganz gewöhnlichen Brief auf FBI-Briefpapier, in dem ich Jeffrey Delisle als Spion anzeigte. Dann flog ich nach Ottawa, setzte mich mit Beamten der RCMP in ein Konferenzzimmer und setzte die Kollegen mündlich ins Bild. Damit musste die RCMP ihre eigenen Ermittlungen starten, sodass die Geheimdienstmethoden vor Gericht nicht zur Sprache kommen würden. Diese Ermittlungen fingen aber wieder bei null an, während Delisle munter weiter Geheimakten nach Russland schickte. Die Untersuchungen dauerten so lange, dass wir überlegten, ihn unter einem Vorwand in die USA zu locken, selbst festzunehmen und nach US-Recht anzuklagen. FBI-Director Bob Mueller rief persönlich seine Kollegen in Kanada an und übte Druck aus, diesem Wahnsinn ein Ende zu machen. Es konnte gar nicht schnell genug gehen.

Der russische Maulwurf im kanadischen Militärnachrichtendienst wurde schließlich am 13. Januar 2012 von der RCMP festgenommen. Delisle war der erste Kanadier, der nach dem Informationssicherheitsgesetz (Security of Information Act) des Landes verurteilt wurde. Er bekannte sich schuldig und wurde zu 20 Jahren Haft verurteilt. Er kam zwar schon 2019 wieder auf Bewährung aus dem Gefängnis, aber das gute Leben, das er vorher gehabt hatte – die Russen hatten ihm in fast fünf Jahren ungefähr 110 000 Dollar gezahlt – , war mit seiner Festnahme endgültig vorbei. Wichtiger war, dass die fünf Staaten des Geheimdienstbundes unzählige wertvolle Informanten und Methoden verloren hatten.

Als Teil der Überlebensstrategie für das FBI wies Director Mueller die gesamte Behörde an, vorrangig Informationen und Erkenntnisse zur nationalen Sicherheit zu sammeln. Die Zentrale stellte Hunderte Hinweise zusammen, die unsere Informanten zu terroristischen und geheimdienstlichen Tätigkeiten geliefert hatten. Umgekehrt erhielten sie Hinweise auf Straftaten von unseren Quellen in Geheimdienstkreisen. Informanten aus der kolumbianischen Drogenszene lieferten Einzelheiten zur Ausbildung moslemischer Terrorgruppen in Südamerika, Informanten in der russischen Mafia berichteten Einzelheiten zu Terrorzellen in Osteuropa und so weiter. Wichtige Kongressabgeordnete in den zuständigen Aufsichtsausschüssen wurden über die einmaligen Verbindungen des FBI unterrichtet. Darüber hinaus stellten wir einen Plan für eine umfassende Reform des FBI auf.

Weil dem FBI und seinen Schwesterorganisationen vorgeworfen wurde, vor dem 11. September die Zusammenhänge nicht erkannt zu haben, wollten wir einen ganzen Schwung Profis zu diesem Thema anheuern, nämlich Informationsanalytiker (IAs). Sie sollten die Richtung neuer Ermittlungen, die Strategie der einzelnen Programme bestimmen und Informanten pflegen. Es war geplant, taktische IAs zu unseren Einsatzgruppen zu setzen und die Arbeit der Agenten an den einzelnen Fällen zu steuern. Strategische IAs sollten die Arbeit der gesamten Dienststelle und darüber hinaus mit der der Geheimdienste abstimmen. Tausende College- und Universitätsabsolventen sollten neu eingestellt werden, ihre Hauptqualifikation sollte darin bestehen, große Datenmengen aufnehmen und interpretieren zu können. Die Zentrale sollte eine völlig neue Abteilung gründen, das Directorate of Intelligence, um den Erfolg dieses ganzen Programms sicherzustellen. Nach langem, mühsamem Kampf ließen sich Weißes Haus und Kongress für diesen Plan gewinnen und bewilligten die notwendigen Mittel.

Die Terrorabwehr wurde damit zur Hauptaufgabe des FBI, nicht nur der Zentrale, sondern jeder einzelnen Dienststelle. Auch kleine, abgelegene Filialen sollten nicht mehr behaupten können, in ihrer Region gebe es keine Terroristen – bloß weil sie sich zum Beispiel lieber mit Wirtschaftskriminalität befassten. Jede Dienststelle richtete eine eigene

Antiterroreinheit ein und führte Ausbildungsmaßnahmen auf diesem Gebiet durch. Eine umfangreiche Neuorientierung der Ressourcen sollte Agenten und IAs von der Bekämpfung herkömmlicher Verbrechen abziehen und auf die Terrorabwehr ansetzen. In Miami, einer traditionell auf Bekämpfung des Drogenhandels spezialisierten Dienststelle, wurden mehrere Antidrogeneinheiten zu einer JTTF[*] gegen den Terror zusammengefasst. Der Reformplan für das FBI bedeutete auch, dass die Special Agents, die bisher mit Dienstausweis und Pistole die Hauptrolle im Kampf gegen das Verbrechen gespielt hatten, lernen mussten, die IAs als gleichberechtigte Kollegen zu sehen anstatt wie bisher als Hilfspersonal. Neue Agenten und frischgebackene AIs werden heutzutage erstmals in der FBI-Geschichte gemeinsam in Quantico ausgebildet. Noch bevor sie zum ersten Mal durch die Tür einer Dienststelle treten, lernen Agenten und IAs also schon, miteinander zu arbeiten – ein Team, ein gemeinsamer Kampf.

Eine so gewichtige Maschinerie wie das FBI umzubauen glich ein wenig dem Unterfangen, einen Ozeandampfer in einem Wirbelsturm zu wenden. Man kann das hinkriegen, aber es kann sehr langwierig sein, und nicht alle überleben das Manöver. Manche im Dienst ergrauten Agenten, die über viele Jahre einer ereignisreichen Laufbahn hinweg flüchtige Straftäter aufgespürt und Bankräuber gejagt hatten, fanden, dass der Wandel ein bisschen zu viel verlangt sei, und ließen sich lieber pensionieren. Auch einige langjährige IAs, die plötzlich viel mehr leisten und höheren Anforderungen genügen sollten, suchten sich lieber einen anderen Job innerhalb des FBI oder verabschiedeten sich ganz. Die meisten Agenten und Experten aber verstanden, wie historisch dieser Augenblick war, und akzeptierten die neuen Strukturen. Der Ozeandampfer im Sturm musste nach dem Wenden erst seinen neuen Kurs finden und ihn häufig korrigieren, aber nach und nach stellte sich eine Dienststelle nach der anderen um. Unsere Leute in Cleveland gehörten zu den ersten, denen das gelang, und ich war stolz auf sie.

---

[*] Joint Terrorism Task Forces, siehe: https://www.fbi.gov/investigate/terrorism/joint-terrorism-task-forces

Die Zentrale hatte sich bewusst dafür entschieden, zuerst die Dienst-stellen zu reformieren. Schließlich wurde dort die konkrete Arbeit im Einsatz geleistet, und dort draußen, nicht in der Zentrale, musste auch der nächste Terroranschlag verhindert werden. Das bedeutete allerdings eine lange Übergangszeit – in manchen Fällen mehr als ein Jahr –, in der einige Abteilungen der Zentrale noch nicht befolgten, was sie anderen vorschrieben. Das beruhte nicht darauf, weil irgendjemand in Washing-ton sich gegen die notwendigen Veränderungen gesträubt hätte, son-dern weil es sehr viel Arbeit war, alle diese Maßnahmen zu planen, zu finanzieren und mit dem Alltagsgeschäft unter einen Hut zu bringen. Auch die Spionageabwehr (Counterintelligence Division, CD) hatte die Umstellung noch nicht vollzogen, als ich den Ruf aus der Zentrale erhielt. Es war Zeit, mich von Cleveland zu verabschieden und ins Hoo-ver Building und zu meiner ersten Liebe, der Spionageabwehr, zurück-zukehren.

Noch bevor ich in Washington eintraf, erklärte mir mein neuer Chef, der Executive Assistant Director des National Security Branch, bei einem kurzen Telefonanruf meinen Auftrag: Ich sollte die Spionageab-wehrabteilung völlig umbauen und in das reformierte FBI integrieren. »Wenn Sie glauben, Sie schaffen das, haben Sie den Job. Wenn nicht, sagen Sie's mir gleich.« Ich nahm die Herausforderung an. Nach unge-fähr drei Monaten als Deputy Assistant Director (stellvertretender Abteilungsleiter) wurde ich zum vollen Assistant Director (AD) beför-dert und stand damit der Spionageabwehr vor. Offiziell unterrichtet wurde ich davon durch eine kurze Bemerkung Director Muellers, die er fallenließ, als er im Flur an mir vorbeiging. Ohne innezuhalten warf er mir einen Blick zu und sagte: »Ich gebe Ihnen den Posten als AD« – sozusagen eine Drive-by-Ernennung in drei Sekunden.

Mein Vorgänger hatte die Latte verdammt hoch gelegt. Der schei-dende AD, ein Freund von mir, war ein brillanter Spionageabwehrex-perte und Harvard-Absolvent. In der Spionageabwehrabteilung herrschte ganz sicher Ordnung, aber ihr Vorgehen musste gründlich überholt werden. Anders als in der Dienststelle, aus der ich kam, saßen hier die IAs noch getrennt von den Agenten in eigenen Büros und sogar in einer eigenen Etage. Ich ließ mir von den IAs die wichtigsten Analysen für die jeweiligen Programme zeigen. Es waren interessante wissenschaftliche Studien, die allerdings kaum etwas oder gar nichts dazu beitrugen, Spione tatsächlich dingfest zu machen. Ich fragte die Agenten, ob sie diese wichtigen Berichte der Spezialisten gelesen hatten. Nein. Wussten sie überhaupt, dass es solche Berichte gab? Auch nicht. Es war Zeit, ein paar Möbel zu rücken und ein paar Wände einzureißen.

Veränderungen lösen instinktiv Widerstand aus, das ist in jeder Organisation so. Will man Wandel richtig anfangen, muss man sich die Bedenken aller Beteiligten anhören und sie an der Umsetzung der Veränderungen aktiv beteiligen. Reformen sollten nicht *über* die Betroffenen kommen, sondern *mit* ihnen zustande kommen. Alle Beteiligten müssen sicher sein können, dass Anpassung nicht bedeutet, die Werte oder den Auftrag aufzugeben; die vorgeschlagenen Veränderungen müssen vielmehr nicht nur zu ihren Werten passen, sondern erforderlich sein, um sie zu wahren. Gegen die Zusammenlegung von Agenten und IAs gab es durchaus Widerstand, mehr sogar, als ich bisher in der Dienststelle erlebt hatte. Manche Agenten sahen nicht recht ein, wozu sie die IAs brauchten, und manche Experten fürchteten um ihre Unabhängigkeit. Ich entschloss mich, einen neuen Deputy Assistant Director zu ernennen, den ersten in der Abteilung, der kein Special Agent war, sondern ein langjähriger IA. Das war nicht nur Dekoration, sondern sollte zeigen, dass wir zu Reformen entschlossen waren. Als sich der Staub wieder gelegt hatte, fanden sich alle in ihre neuen Rollen, und die Informationsexperten begannen still und leise damit, unsere Strategie und Planung zu steuern.

Es gab noch so einen Fall von »getrennten Betten«, auf den ich aufmerksam wurde. Der Krieg der Geheimdienste wurde zunehmend im Cyberspace ausgetragen, aber in der FBI-Zentrale saßen die Spionageabwehr und die Computerhacker in zwei völlig verschiedenen Abteilungen und aus Platzmangel sogar in unterschiedlichen Gebäuden. Unsere Gegner, zum Beispiel China, Russland, der Iran und Nordkorea, gestanden sich mit der Zeit ein, dass sie die USA in einem traditionellen Krieg

nicht besiegen konnten. Sie sahen, mit welcher Leichtigkeit amerikanische Truppen den Irak aufrollten, Afghanistan unter Beschuss nahmen
und einen Terroristenführer nach dem anderen mit taktischen Droh-
neneinsätzen abschossen, und das passte ihnen gar nicht. Unsere Feinde
dachten sich daraufhin eine neue Strategie aus, um uns zu schaden. Sie
wollten, wie man im Chinesischen sagt, »siegen, ohne zu kämpfen«. Ihre
Strategie war asymmetrisch und stützte sich auf die weltweiten Compu-
ternetzwerke.

Nach den Terroranschlägen vom 11. September 2001 erklärte das
FBI natürlich die Terrorabwehr zur Hauptaufgabe aller Abteilungen
und Dienststellen. Die Ressourcenzuteilung wurde grundlegend neu
geregelt, um weitere Anschläge auf amerikanischem Boden zu verhindern. Kaum jemand im FBI wagte es, diese Prioritäten infrage zu stellen,
selbst Jahre nach dem 11. September und nach den beeindruckenden
Erfolgen gegen Al Kaida und den IS. Als ich über zehn Jahre später ans
Ruder der Spionageabwehrabteilung kam und sah, wie komplex die ausländischen Angriffe im Cyberspace waren, erhob ich Bedenken.

Das FBI legt die Prioritäten für die Bekämpfung der verschiedenen
Verbrechensarten jedes Jahr neu fest. Als ich an der Reihe war, mich
einzubringen, schlug ich vor, die Plätze von Terror- und Spionageabwehr an der Spitze der Liste zu tauschen. Ich wies auf den wachsenden
wirtschaftlichen Schaden hin, den ausländische Spione durch Diebstahl der Betriebsgeheimnisse von US-Firmen anrichteten, auf die
zunehmende Aggressivität der Spione in den USA und auf die kom-
plexe Art dieser Bedrohung, die durch immer schwerere Angriffe im
Internet, Scheinfirmen und unkonventionelle Akteure geprägt war.
Ich fürchtete, dass unsere Reaktion auf den 11. September uns fast
völlig von der »anderen« Gefahr für die nationale Sicherheit abgelenkt
hatte. Sie nahm immer weiter zu, während die Terrorgefahr allmählich
gebannt schien. Während wir damit beschäftigt waren, Terroristen
auszuschalten, hatten die Russen, Chinesen und andere Gegner ihre
neuen Spionagestrategien fast ungehindert aufbauen können. Damit
sagte ich den Chefs im sechsten Stock des Hoover Buildings allerdings
nichts Neues.

Weil die Spionageabwehr besonders geheim gehalten wird, verstanden zumindest damals nur wenige Kongressabgeordnete, geschweige denn die Öffentlichkeit, wie gefährlich die Bedrohung durch ausländische Spionage war. Die bloße Andeutung, ausländische Spione seien eine größere Gefahr für unsere Demokratie als Terrorgruppen, klang schon nach Missachtung von Tausenden Todesopfern des 11. September. Aber auch wenn die Politiker es nicht gerne hörten – eine Terrorgruppe würde kaum unsere Demokratie in Gefahr bringen. Das Grauen des 11. September hatte uns als Nation zwar kurz geeint, aber die geheime Wühlarbeit gegnerischer Regierungen sollte uns schon bald genug wieder tief spalten. Die Prioritäten des FBI würden sich auf dem Papier nicht ändern, aber wir waren uns einig, dass die Bekämpfung der zunehmenden Spionagegefahr mehr Ressourcen erforderte.

Im FBI gab es immer noch eine künstliche Trennung zwischen der Abteilung für Computerkriminalität, die sich mit Spionage im Internet befasste, und der Spionageabwehr. Den ausländischen Geheimdiensten war unsere bürokratische Aufteilung natürlich nicht nur egal, sondern sie zogen wahrscheinlich sogar Vorteile daraus. Hackerangriffe im Auftrag fremder Regierungen, die Unterwanderung sozialer Netzwerke und sogar ganz einfache Angriffe auf die Verfügbarkeit von Internetdiensten waren jetzt die Waffen der Wahl. Es war wieder einmal Zeit für eine Veränderung. In enger Zusammenarbeit mit dem Chef der Abteilung für Computerkriminalität bildeten wir eine gemeinsame Einheit aus Experten für traditionelle Spionage und Computerfachleuten, die gegen Cyberverbrechen kämpften. Diese Reform war ebenso wie die viel größere Umstrukturierung des FBI absolut notwendig, um der Organisation zu ermöglichen, auch zukünftig ihren Auftrag zu erfüllen. Die erfolgreiche Bewältigung der dafür nötigen Reform zeigte, dass sich das FBI verändert hatte, um Amerika verteidigen zu können. Ein Team, ein Kampf. Und die Schlacht dauert immer noch an.

Beständigkeit und Wandel sind untrennbar miteinander verbunden. Um unsere Grundwerte zu wahren, müssen wir uns alle verändern, anpassen und neue Methoden übernehmen, die das, was uns etwas bedeutet, bewahren und fördern. Das FBI wandelte sich von einer

Behörde, die Straftaten aufklärt und Straftäter jagt, in einen Inlands-
nachrichtendienst, der sich hauptsächlich damit befasst, Informationen
zu sammeln und auszuwerten. Diese Reform war ganz von dem Geist
geprägt, der das FBI von jeher prägt – die amerikanische Verfassung zu
verteidigen. Das FBI reformierte sich nicht bloß, um zu überleben, sondern um weiterhin die USA verteidigen zu können, auch gegen neue
und andere Gefahren. Für erfolgreiche Menschen, Firmen und Teams
ist der Wandel keine Bedrohung, sondern ein Mittel, um den eigenen
Auftrag so gut wie möglich zu erfüllen und lebendig, wirksam und der
eigenen Identität treu zu bleiben.

AKTIONSPLAN

Wenn der Stress schlimm wird, verlieren Menschen, Teams, Firmen und sogar Staaten die Fähigkeit und auch den Willen, Bedrohungen dessen, was ihnen am Herzen liegt, zu erkennen und abzuwehren. Diese Fähigkeit aufrechtzuerhalten, erfordert ständig wachsam zu sein. Außerdem braucht man einen Plan. Beim FBI wird vor jeder wichtigen Operation, ob Festnahme, Zugriff, Großveranstaltung oder Übung, ein Aktionsplan (*operations plan,* kurz *ops plan*) entworfen. Das kann eine kurze mündliche Besprechung der Agenten sein, die vor dem Versteck eines Flüchtigen in Deckung liegen, oder ein ausführliches, formales schriftliches Dokument zur Sicherung einer internationalen Zusammenkunft. Wichtig ist: Was immer der Mühe wert ist, braucht einen Plan, und jede Unternehmung, die einen Plan wert ist, sollte die Werte der Menschen und der Gruppe widerspiegeln, die sie durchführen. Diese Aktivität sollte so durchgeführt werden, dass sie möglichst von Erfolg gekrönt ist. Darum geht es bei den sieben Cs: Code, Conservancy, Clarity, Consequences, Compassion, Credibility und Consistency – Verhaltenskodex, Schutzgemeinschaft, Klarheit, Konsequenzen, Mitgefühl, Glaubwürdigkeit und Beständigkeit. Das vorliegende Buch stellt einen Aktionsplan dar, um diese Werte umzusetzen. Schauen wir uns an, wie Sie diesen Plan am besten durchführen:

Definieren Sie zunächst Ihre Grundwerte. Wenn die feststehen, sollte sich Ihr Verhaltenskodex praktisch von selbst ergeben. Kommt es auf Ehrlichkeit an? Stellen Sie eine Vorschrift gegen Lügen auf, besonders bei folgenschweren Fällen. Sollen alle Beteiligten respektvoll behandelt werden? Legen Sie schriftliche Grundsätze gegen Diskriminierung und Belästigung fest. Wollen Sie in Ihrer Firma die Beschönigung von Verkaufsstatistiken und das Schummeln mit Spesenabrechnungen unterbinden? Verbieten Sie es ausdrücklich. Den Verhaltenskodex aufzustellen, ist ziemlich einfach – ihn umzusetzen ist das Schwierige, doch deswegen gibt es die anderen sechs Werte.

Schutzgemeinschaft *(conservancy)*: Die Einhaltung des Verhaltenskodex ist ein Mannschaftssport. Dafür, dass Richtige zu tun, sind alle gleichermaßen verantwortlich. Ob es um Ihre Marke, um die Atmosphäre in Ihrer Firma oder um den Ruf Ihrer Familie geht – nehmen Sie alle Beteiligten in die Verantwortung, das zu bewahren, worauf es ankommt. Das kann bedeuten, dass Sie ein Verfahren einführen, mit dem die Angestellten der Leitung anzeigen können, was falsch läuft. Es kann auch erforderlich sein, dass Sie die Zuständigkeit für interne Ermittlungen, Betriebsprüfungen und Disziplinarstrafen neu regeln, damit jeder Mitarbeiter oder Untergebene erfährt, wie man sich gegen Verhalten zum Schaden des großen Ganzen wehrt.

Klarheit *(clarity)*: Der Verhaltenskodex wird klar und häufig verkündet und ist leicht zugänglich. Treiben Sie keine Spielchen mit Ermessensspielraum. Wenn Ihre Mitarbeiter den Verhaltenskodex nicht durchschauen, können Sie sicher sein, dass sie sich lieber auf ihre eigenen Maßstäbe verlassen. Behandeln Sie Fehltritte als lehrreiche Anlässe und erläutern Sie anhand dieser Beispiele, wie man sich nicht verhalten sollte. Belohnen und belobigen Sie beispielhaftes Verhalten, in dem Ihre Werte umgesetzt werden. Gehen Sie selbst mit vorbildlichem Verhalten als gutes Beispiel voran und ermuntern so dazu, den Kodex einzuhalten.

Konsequenzen *(consequences)* zu ziehen mag unangenehm sein, ist aber wesentlich, wenn sich der Verhaltenskodex durchsetzen soll. Sind die Konsequenzen aber so hart oder unvorhersehbar, dass sie ungerecht wirken, untergräbt das Ihre Gruppe oder Organisation rasch. Sorgen Sie unbedingt für Offenheit und Transparenz, indem Sie das normale Verfahren bekannt geben und sich in jedem Fall daran halten. Auch bei den Konsequenzen ist die schönste Überraschung immer, dass es keine Überraschung gibt. Geben Sie für jedes Fehlverhalten vorher das mögliche Ausmaß der Strafen bekannt und wenden Sie diese Strafen dann gerecht an.

Mitgefühl *(compassion)* gehört zu jeder guten Disziplinarentscheidung. Die gemeinsamen Werte werden aufgegeben, wenn die Mitarbeiter sehen, dass Mitgefühl nicht zu diesen Werten gehört. Mitgefühl setzt man am besten um, indem man es als festen Bestandteil in alle Entscheidungen integriert. Sorgen Sie dafür, dass Entscheider immer auch mildernde wie erschwerende Umstände berücksichtigen, bevor sie gegen ein Mitglied des Teams vorgehen. Geben Sie dem Betroffenen immer die Möglichkeit, seine Version der Geschichte, einschließlich relevanter persönlicher Umstände, zu erzählen.

Glaubwürdigkeit *(credibility)* ist die Quintessenz des FBI, ohne sie kann es seinen Auftrag nicht erfüllen. Bürger würden den Agenten die Tür vor der Nase zuschlagen, Informanten ließen sich nicht gewinnen, Richter würden keine Durchsuchungsgenehmigungen mehr unterschreiben, Geschworene würden den Experten des FBI keinen Glauben mehr schenken. Einmal verlorene Glaubwürdigkeit zurückzugewinnen, kann Jahre oder Jahrzehnte dauern, falls man es überhaupt schafft. Das gilt ebenso für die einzelne Führungsperson wie für die Gemeinschaft oder Firma, die sie leitet. Deshalb muss jede Unternehmung, die erfolgreich sein will, Bedrohungen ihres Ansehens wie eine Bedrohung ihrer Existenz behandeln. Dazu sorgen Sie zunächst dafür, dass Ihr internes Verfahren, wie Sie die Werte der Gemeinschaft wahren, glaubwürdig ist. Bedenken Sie stets, dass niemand innerhalb oder außerhalb Ihres Teams Ihren Werten völlig vertrauen wird, solange Sie selbst nicht völlig vertrauenswürdig wirken. Und zuletzt – wenn Sie einen Fehler machen, räumen Sie ihn offensiv ein, stellen Sie einen Plan auf, wie Sie ihn künftig vermeiden und informieren Sie über dessen Umsetzung.

Beständigkeit *(consistency)*: Das Verfahren, mit dem man sein Ziel erreicht, ändert man nicht mit der Zeit. Was ist die gewünschte Wirkung? Sie optimieren Ihrer Leistung, indem Sie die Werte Ihrer Organisation in sämtliche Verfahren einbetten. Tun Sie das nicht nur, wenn es leichtfällt, sondern gerade dann, wenn es schwerfällt, und auch dann, wenn es niemandem auffällt. Genau dann kommt es nämlich auf Beständigkeit an. Auch wenn Sie zielführende Verfahren eingeführt haben, können Stress und Versuchungen oder beides das erstrebte Ergebnis vereiteln. Um dieser menschlichen Schwäche gegenzusteuern, führen Sie wertebasierte Verfahren und Grundsätze ein, die für alle im Team gelten. Die mögen nach umständlicher Plackerei aussehen, erleichtern aber die Entscheidungsfindung sehr, besonders in Krisensituationen. Aber eine Straßenverkehrsordnung genügt noch nicht, um im Notfall ein Abkommen von der Fahrbahn zu verhindern. Dafür brauchen Sie Leitplanken. Dem FBI unterlaufen seine schlimmsten Fehler dann, wenn Führungspersönlichkeiten gegen ihre eigenen Regeln verstoßen. Erschweren Sie also solche Fehltritte, indem Sie Kontrollroutinen einführen – tägliche oder wöchentliche Besprechungen, Kontrolle durch gleichrangige Kollegen, zwei voneinander unabhängige Aufsichtsinstanzen, Krisenbewältigungsteams und andere Mechanismen automatisieren den korrekten Ablauf in Ihrer Organisation.

Das FBI hat bewundernswerte Mechanismen, um die Einhaltung seiner Werte auch in schwierigen Situationen zu sichern. Die Organisation läuft gerade dann zu ihrer Höchstform auf, wenn sie Bedrohungen erkennen und ausschalten soll. Es handelt sich nicht nur um Bedrohungen des eigenen Verhaltenskodex, sondern der Werte unseres Landes. Das heißt nicht, dass wir die Behörde nicht zur Verantwortung ziehen, Verbesserungen verlangen oder ihre Methoden infrage stellen und auf Fehler hinweisen sollten, wenn sie doch einmal passieren. Doch ständige Angriffe auf eine Institution, die unsere Demokratie verteidigt, bedrohen nicht nur das Bestehen dieser einen Behörde, sondern gerade die Werte, die diese Institution verkörpert.

Unsere Demokratie ist immer noch ein junges und daher anfälliges Experiment, es gilt, die Werte, die sie ausmachen, zu bewahren. Darin gleicht sie Ihrer Firma, Mannschaft oder Organisation. Wie lange diese Gruppe auch schon bestehen mag – Überleben und Erfolg sind nie garantiert. Daher sind ein Verhaltenskodex und eine Methode nötig, um Erfolg zu haben. Geht es um die Bewahrung unseres demokratischen Experiments, teilen wir alle dieselben Werte und denselben Kodex. Sie kennen jetzt den FBI-Code, mit dem diese Behörde ihre und unsere Werte wahrt. Machen Sie sich diesen Kodex zu eigen.

・・・・・・・・・・・・・・ **DANK** ・・・・・・・・・・・・・・

Ich würde alle genannten Werte Lügen strafen, wollte ich den Lesern weismachen, dass das Konzept, das diesem Buch zugrunde liegt, von mir stammte. Damit hätte ich als Autor versagt. Ich habe dieses Konzept nur systematisch dargestellt und erzählt, was ich selbst alles während meiner 25-jährigen Laufbahn im FBI von dieser herausragenden Behörde und einigen ebenso herausragenden Führungspersönlichkeiten gelernt habe – oft auf die harte Tour. Die Kollegen, die mich noch aus den ersten Jahren meiner Dienstzeit kennen, können bezeugen, dass ich keine angeborenen Führungsfähigkeiten eingebracht habe. Ich lag oft genug falsch. Die Prinzipien einer auf Werte begründeten Arbeit lernte ich von den Kollegen, mit denen ich die Ehre hatte, zusammenzuarbeiten und übernahm sie im Laufe meiner Karriere.

In meinen ersten Jahren in der Dienststelle Atlanta hatte ich das Glück, mit Gruppenleitern zusammenzuarbeiten, die mir als Mentoren und Vorbilder für erfolgreiche Arbeit dienten. In meinem ersten Posten bei der Spionageabwehrabteilung in der Zentrale waren einige Kollegen, die mir nahestanden, eine ständige Quelle der Kraft und des Lachens, während wir unsere Abteilung durch eine Welt steuerten, die den Kalten Krieg nur scheinbar überwunden hatte. Von den Kollegen in San Francisco lernte ich, dass Menschenführung wichtiger ist als Programme zu managen. Wieder zurück in der Zentrale, diesmal bei den internen Ermittlern vom Office of Professional Responsibility, lernte ich, dass es genauso wichtig ist, zu wissen, was man lassen sollte, wie zu wissen, was man tun sollte.

Beim FBI Miami brachten mir meine erfahrenen Mitarbeiter und meine ebenso erfahrenen Chefs bei, dass es darauf ankommt, aus der eigenen Komfortzone auszubrechen und sich auf andere zu verlassen.

Als Chief Inspector des FBI lernte ich von den Mitarbeitern und Dienststellen, die ich überprüfte, viel mehr über unsere Behörde, als ich ihnen
beibringen konnte. Als Regionalleiter für Nord-Ohio zeigten mir unsere
fähigen Mitarbeiter in der Dienststelle Cleveland und unsere Partner bei
der US-Bundesanwaltschaft, was man mit Talent, Hartnäckigkeit und
Fleiß alles bewirken kann. Die Ehre, als Assistant Director für Spionageabwehr dienen zu dürfen, zeigte mir zuletzt, wie wichtig es ist, dass bei
der Abwehr aller nationalen Bedrohungen, ausländischer wie inländi-
scher, alle Geheimdienste reibungslos zusammenarbeiten.

Auch viele Menschen außerhalb des FBI haben zu diesem Buch beigetragen. Einige davon haben meine Laufbahn überhaupt erst ermöglicht. Meine Frau, die »Special Spouse«, verkörpert die sieben Cs besser,
als ich es je könnte. Dieses Buch trägt ihre Handschrift. Unsere beiden
Söhne, die inzwischen beide eigene Familien gegründet haben, konnten
nur wenig Zeit mit ihrem Vater verbringen und mussten oft umziehen,
wuchsen aber dennoch zu gestandenen Männern heran, die Tag für Tag
nach Erfolg streben. Ihre eigenen Kinder, meine kleinen Enkel, lieferten
mir die sehr nötigen »Spielpausen« während der langen Zeit, als ich die
erste Version dieses Buches schrieb.

Meinen literarischen Agenten Peter McGuigan von der Agentur
Foundry kannte ich schon lange, bevor ich mich entschloss, das vorliegende Buch zu schreiben. Seine Energie und Begeisterungsfähigkeit
habe ich schon immer bewundert. Als es darum ging, die Arbeit des FBI
zu erklären, war Peter der Richtige. Auch mein Freund, der Kolumnist
und politische Kommentator Ellis Henican, half meinem Buchprojekt
beim Verlag weiter. Dort, bei Custom House/HarperCollins, leistete
Cheflektor Peter Hubbard mir unentbehrliche Hilfe, das Manuskript in
eine druckreife Form zu bringen. Er erinnerte mich ein bisschen an die
mitreißenden Dozenten in Englisch und Essayschreiben, die ich auf der
Highschool und auf dem College erleben durfte. Laurie McGee, meine
Schlussredakteurin, gab dem Ergebnis dann noch fachkundig den letzten Schliff. Geschrieben habe ich das Buch hauptsächlich an drei Orten,
wo ich einigermaßen ungestört war: einmal in der öffentlichen Dusen-
berry-River-Bibliothek in Tucson, Arizona, wo ich oft morgens als erster

Leser auftauchte, um mir den Ecktisch zu sichern, zweitens in einem ruhigen Gasthaus am Strand von Carlsbad, Kalifornien, und drittens im Lucky Dog Inn von St. Petersburg, Florida. Ich kann sie alle empfehlen.

Wie für ehemalige FBI-Mitarbeiter vorgeschrieben, habe ich dieses Buch vor dem Druck dem FBI zur Durchsicht vorgelegt, um es auf Geheiminformationen prüfen zu lassen, die nicht veröffentlicht werden dürfen. Das FBI hat den Inhalt nicht auf Wahrheitsgehalt und zutreffende Darstellung überprüft. Die Ansichten, die ich hier ausdrücke, sind meine eigenen, nicht die des FBI oder irgendeiner anderen Bundesbehörde. Den Ablauf von Ermittlungen des FBI, an denen ich nicht selbst beteiligt war, gebe ich hauptsächlich anhand öffentlich zugänglicher Quellen wieder – Zeitungsberichte, Interviews und andere journalistische Berichterstattung – und nicht anhand von Informationen, die ich während meiner Dienstzeit als Special Agent des FBI erhalten habe.

Wie Sie dem vorigen Absatz entnehmen können, halte ich mich immer noch an den FBI-Code, und zwar, weil er mir sehr viel bringt. Er kann auch den USA sehr viel bringen.

Frank Figliuzzi war 25 Jahre als Special Agent für das FBI tätig. Er bekleidete verschiedene Führungspositionen, beispielsweise in der Abteilung für Spionageabwehr, und überwachte als Chefinspektor sensible interne Ermittlungen. Heute ist er Sicherheitsanalyst für NBC News und ein gefragter Redner und Dozent zu den Themen Führung und Risikomanagement.